A. SCAMONI

WALDKUNDLICHE UNTERSUCHUNGEN AUF GRUNDWASSERNAHEN TALSANDEN

WALDKUNDLICHE UNTERSUCHUNGEN AUF GRUNDWASSERNAHEN TALSANDEN

Beschaffung von waldbaulichen Grundlagen,
dargestellt am Waldgebiet
zwischen Liebenwalde und Kremmen, Brandenburg

VON

Dr. ALEXIS SCAMONI

PROFESSOR AN DER FORSTWIRTSCHAFTLICHEN FAKULTÄT
DER HUMBOLDT-UNIVERSITÄT ZU BERLIN

Mit 29 Karten, 23 Diagrammen und 27 Abbildungen

1950

AKADEMIE-VERLAG BERLIN

Erschienen im Akademie-Verlag GmbH., Berlin NW 7, Schiffbauerdamm 19
Lizenz-Nr. 156 · 7220/49 – 9718/50
Satz und Druck
der Offizin Haag-Drugulin VEB in Leipzig M 103 · 572550
Bestell- und Verlags-Nr. 5042

VORWORT

Die waldbauliche Planung, die auf lange Zeit bestimmte Holzarten auf den von Natur aus gegebenen Standorten vorsieht, bedarf eingehender Grundlagen.

So war es in erster Linie Zweck dieser Arbeit zu versuchen, solche Unterlagen durch waldkundliche Erforschung eines an sich gut begrenzten Gebietes zu geben.

Die Arbeit wurde im Waldbauinstitut der damaligen Forstlichen Hochschule Eberswalde begonnen, dessen verewigter Direktor Herr Prof. Dr. Dr. h. c. *Dengler* sie stets unterstützte und das Untersuchungsgebiet mehrfach aufsuchte.

Der Krieg unterbrach die Forschung.

Nach Rückkehr in die Heimat konnten die Untersuchungen im Institut für Forstbotanik der Forstwirtschaftlichen Fakultät der Universität Berlin in Eberswalde fortgesetzt werden, dessen Direktor Herr Prof. Dr. *Hueck* die Arbeiten stets förderte.

Unser Zeichner, Herr *Friedrichs*, fertigte in mühevoller Arbeit die Karten und Diagramme an.

Allen Genannten sei aufs herzlichste gedankt.

Eberswalde, im Frühjahr 1948 Der Verfasser

INHALTSVERZEICHNIS

A. EINLEITUNG

B. HISTORISCHE UNTERSUCHUNGEN

I. Archivalische Untersuchungen

A. EINLEITUNG

1. Zweck und Ziel der Waldkunde

Im Laufe der Entwicklung der Waldbaulehre hat sich eine Zweiteilung durchgesetzt: 1. Grundlagen des Waldbaus und 2. Technik des Waldbaus.

Dengler (8) gibt diesem ersten Teil die Bezeichnung Ökologie des Waldes und baut darauf die Technik auf. Rubner (39) faßt sein ganzes Werk als pflanzengeographische und ökologische Grundlagen auf.

So sind bei näherer Betrachtung die Grundlagen des Waldbaus eine Fortsetzung der sogenannten Grundwissenschaften mit dem Ziel ihrer praktischen Anwendung.

Hier ist es die Botanik in erster Linie in ihrer pflanzengeographischen, ökologischen, soziologischen, aber auch genetischen Richtung, die Bodenkunde in ihrer Weiterentwicklung als Standortslehre und die Meteorologie insbesondere in mikroklimatischer Betrachtung.

Nach Dengler (8) ist der Wald eine Lebensgemeinschaft, eine Biozönose, deren Glieder in verschiedenem Maße voneinander abhängig sind und deren Beziehungen zur Umwelt, d. h. zu den Standortsfaktoren sehr mannigfaltig sind. Somit enthält die Erfassung des Waldes als Lebensgemeinschaft nicht nur die Grundlagen des Waldbaus im engeren Sinne, sondern umfaßt die Erforschung aller im Walde auftretenden Vorgänge. Man bezeichnet diesen Wissenszweig am besten als *Waldkunde,* die den Wald als Ganzes und in seiner Beziehung zur Umwelt erforscht.

Um die Lebensgemeinschaft des Waldes richtig zu erfassen, muß zunächst untersucht werden, ob es sich um einen Wald handelt, dessen Holzartenzusammensetzung natürlich oder im Laufe der Forstkultur künstlich herbeigeführt ist. Auf dieser Grundlage baut sich dann die Betrachtung des Waldes als eine Vielzahl von Assoziationen im pflanzensoziologischen Sinn auf unter besonderer Berücksichtigung der sogenannten Bodenflora. Nach Untersuchung der einzelnen Assoziationen oder Waldgesellschaften und deren Untergliederungen kann an die Erforschung der Ökologie der einzelnen Pflanzenarten und der Pflanzengesellschaften herangegangen werden.

Die Erfassung der tierischen Glieder der Lebensgemeinschaft des Waldes gehört eigentlich auch in den Begriff der Waldkunde, ist aber aus praktischen Gründen vorerst der Zoologie zu überlassen.

Zweck und Ziel aller waldkundlichen Forschungen ist aber, dem Waldbau sichere

Unterlagen zu geben. Die praktische Bedeutung der Waldkunde ist also folgendermaßen zu umschreiben:

1. Herbeischaffung von Unterlagen für die waldbauliche Planung, insbesondere im Hinblick auf die Holzartenwahl unter Berücksichtigung wirtschaftlicher Momente; es ist im Augenblick die Hauptaufgabe der Waldkunde.
2. Erforschung der Ökologie der Lebensgemeinschaft des Waldes, der Holzgewächse, aber auch der anderen Glieder dieser Lebensgemeinschaft, vor allem als Grundlage für waldbauliche Maßnahmen.

Im einzelnen hat die Waldkunde folgende Aufgaben:

Trotz des großen Beobachtungsmaterials über die Ökologie der einzelnen Holzarten sind noch recht viele Fragen zu klären, die waldbaulich von Bedeutung sind. Über die Ökologie der einzelnen Arten der Bodenflora sind wir nur in großen Zügen unterrichtet, hier steht ein großes Arbeitsgebiet der Waldkunde offen, da die Bodenflora bei waldbaulichen Maßnahmen eine große Rolle spielt.

Jedoch darf die Waldkunde nicht bei diesen Einzelforschungen verbleiben, sondern muß den Haushalt der gesamten Waldgesellschaft untersuchen (Synökologie). Hier müssen bodenkundliche und klimatische Faktoren besonders berücksichtigt werden.

Vor der synökologischen Untersuchung muß aber erst das Gefüge der Gesellschaft festgestellt werden, dieses führt zur pflanzensoziologischen Forschung; insbesondere ist es von Bedeutung zu wissen, ob es sich um eine natürliche oder durch die Forstkultur geschaffene künstliche Gesellschaft handelt. So umfaßt also ein großer Teil der Waldkunde die forstliche Vegetationskunde. Die Untersuchung und der Vergleich der Entwicklung der einzelnen Waldgesellschaften bei Freilage, im Dickungs-, Stangenholz- und Baumholzstadium verdient bei der vegetationskundlichen Forschung besondere Berücksichtigung.

Die aus der Soziologie und der Ökologie gewonnenen Ergebnisse sind für die waldbauliche Planung von besonderem Wert.

Die waldbauliche Planung hat sich nach einer Periode des Generalisierens (G. L. Hartig) und einer des Individualisierens (Pfeil) zum Typisieren entwickelt und dieses Typisieren ist zweifellos auf Anregung von pflanzensoziologischer und standortskundlicher Seite erfolgt. Sie führte zur Aufstellung von Waldtypen im verschiedensten Sinn ihrer Bedeutung, zu Standortstypen und zu Betriebszieltypen.

In der waldkundlichen Forschung steht also zunächst die Erfassung der Waldgesellschaft im Vordergrund, und zwar einer natürlichen Gesellschaft, denn diese gibt gute Hinweise für eine waldbauliche Planung. Es steht also für ein bestimmtes Untersuchungsgebiet die Feststellung der natürlichen Bestockung an der Spitze.

Die Grundlage ist die Untersuchung der natürlichen Verbreitungsgebiete der Holzarten, diese ist für Deutschland ziemlich abgeschlossen [Dengler (8), Reinhold (36), Schmucker (44)].

Für das besondere Untersuchungsgebiet ist eine möglichst weit zurückgreifende Aufstellung der Bestandsgeschichte von größtem Wert. Nur reichen die Quellen, besonders in Ostdeutschland, in dieser Richtung nicht sehr weit, kaum ins 17. Jahrhundert. Trotzdem lassen sich schon viele Schlüsse aus ihnen ziehen [Hausendorff (21), Olberg (32), Reinhold (36)].

Ergänzt und vervollständigt werden sowohl die Untersuchungen über die natürliche Verbreitung von Holzarten wie über die Bestandesgeschichte durch Pollenanalysen von Mooren [Hesmer (23)] oder durch Pollenanalysen von Rohhumusauflagen, wo sie möglich sind [Engmann (11), Firbas und Broihan (14), Firbas, Losert und Broihan (15), Hesmer (22), Pfaffenberg und Hassenkamp (33), Werth und Baas (49)].

Die Feststellung der natürlichen Holzartenzusammensetzung auf Grund pflanzensoziologischer Methoden hat zur Voraussetzung, daß die Beziehungen zwischen Bodenpflanzengesellschaft und Baumbestand genügend geklärt sind. Durch die großen Veränderungen in der Holzartenzusammensetzung unserer Wälder bleiben in dieser Richtung noch manche Fragen offen.

Aus der Konkurrenzkraft der Holzarten, der Fähigkeit, sich natürlich zu verjüngen, lassen sich durch Beobachtungen im Bestande Schlüsse auf die Entwicklung der Holzartenanteile ziehen.

Auch aus dem Bodenprofil ist es möglich, auf die natürliche Waldgesellschaft zu schließen, jedoch ist hier größte Vorsicht geboten.

Schließlich sind auch die Reste früherer Bestockung hier heranzuziehen, z. B. Eichenüberhälter im Kiefernwald; auch aus Forstorts-, Flur- und Ortsnamen ist mit der nötigen Vorsicht manches herauszulesen.

Mit eine der wichtigsten Aufgaben der Waldkunde ist also die Klärung der Beziehungen zwischen dem Baumbestand in seiner verschiedenen Artenzusammensetzung, den Vergesellschaftungen der Bodenpflanzen und dem Boden selbst, in der Ausbildung der verschiedenen Bodentypen und Bodenarten und der für den Waldbau so wichtigen Zersetzung der Streu. [Ganßen (17), Wittich (54)].

Die Ökologie der Bodenpflanzen und der Holzarten, auf die schon hingewiesen wurde, schließt den gesamten unter- wie auch oberirdischen Faktorenkomplex in sich.

Bei der Lieferung von Unterlagen für den Waldbau darf das wirtschaftliche Moment nicht aus dem Auge gelassen werden, darum ist auch die Ertragskunde stets heranzuziehen. Abgesehen von Ausnahmen ist es für die Forstwirtschaft kein Gewinn, biologisch wertvolle aber ertragsmäßig wertlose Bestände zu schaffen. Hier muß die Waldkunde den richtigen Weg zwischen den biologischen und wirtschaftlichen Forderungen weisen.

Die nachstehende Untersuchung soll für ein bestimmtes Gebiet einige Beispiele für waldkundliche Methoden geben. Neben Klärung örtlicher Fragen soll möglichst ein Gesamtbild des Untersuchungsgebiets entstehen und Fragen allgemeiner Bedeutung geklärt werden. Die daraus sich ergebenden waldbaulichen Schlüsse sollen dann folgen.

2. *Untersuchungsgebiet*

Das Untersuchungsgebiet befindet sich im sogenannten Thorn-Eberswalder Urstromtal, 35 km nördlich von Berlin, zwischen den Städten Liebenwalde im Osten und Kremmen im Westen und stellt einen Ausschnitt jener grundwassernahen Standorte dar, die im westlichen Teil dieses Urstromtals durchwegs angetroffen werden, während im östlichen Teil bei Eberswalde (Forstamt Finowtal) zum großen Teil andere Verhältnisse zu beobachten sind, da dort das Grundwasser sehr viel tiefer ansteht. Es gehört zum Wuchsbezirk Havelland.

Untersucht wurden die grundwassernahen Teile des Forstamts Sachsenhausen, im Süden begrenzt durch die Gemeinden Germendorf und Sachsenhausen und die sogenannte Schnelle Havel, im Osten und Norden durch die Gemeinden Neuholland, Freienhagen, Nassenheide, Teschendorf und Hohenbruch, im Westen durch die Revierförsterei Döhringsbrück des Forstamtes Kremmen, von der einzelne Teile gelegentlich in die Untersuchung einbezogen wurden (Karte 1).

Das Untersuchungsgebiet hat eine Längenerstreckung von etwa 16 km von WSW nach ONO, jedoch nur eine durchschnittliche Breite von etwa 3 km und umfaßt ein Gebiet von etwa 3500 ha Holzbodenfläche.

Sämtliche Jagen- und Abteilungsbezeichnungen beziehen sich auf das Forstamt Sachsenhausen nach der Karte von 1927.

Im Untersuchungsgebiet sind alle Übergänge der Grundwassertiefe von 0 bis 2 m anzutreffen.

Das fast ebene Gelände hat im Ostteil (Obermalz) eine Höhenlage von 40,0 m (Jagen 165 b) und 40,6 m (Jagen 131 a) und senkt sich leicht nach Westen (Untermalz) 39,8 m (Jagen 138 a), 37,9 m (Jagen 105 a), 37,0 m (Jagen 149 N), 37,4 m (Jagen 70 Ost), Sarnow: 37,0 m (Jagen 153), Hohenbruch: 37,5 m (Jagen 160 b), Krummer Berg: 37,3 m (Jagen 198 d).

Die geologischen Verhältnisse sind sehr einfach. Das gesamte Untersuchungsgebiet besteht aus Talsand. In tieferen Lagen ist dieser Talsand von organischen Bildungen wie Erlenbruchtorf, Bruchwaldhumus überlagert, stellenweise kommt auch Wiesenkalk (Jagen 151 und 75) und Raseneisenstein (Jagen 120) vor. Senken in den Jagen 64 und 97 weisen durch Sphagnum gebildete Verlandungsmoore auf.

Nur an wenigen Stellen sind auf dem Talsand niedrige Dünen aufgesetzt (Jagen 61, 79–83, 200, 201), die im allgemeinen außerhalb unserer Betrachtung bleiben.

Die Niederschläge bewegen sich zwischen 550 und 600 mm jährlich und lassen so das Gebiet zu dem von den Niederschlägen bevorzugteren Gebiet der nördlichen Mittelmark rechnen. Die Niederschläge haben ein deutliches Maximum im Juli und ein Minimum im März.

Die Temperaturen haben einen Jahresdurchschnitt von 7,5–7,9° C mit einem Minimum des Monatsdurchschnitts im Dezember mit −0,5° bis −1,6° und ein Maximum im Juli mit +18,0° bis +19,2°.

Die Windverteilung ist folgende:

Westliche Winde 52%, östliche 31%, nördliche 4,7%, südliche 9,3% und Windstille 3%.

(Meteorologische Daten der Stationen Oranienburg und Eden.)

Übersichtskarte des Untersuchungsgebietes.

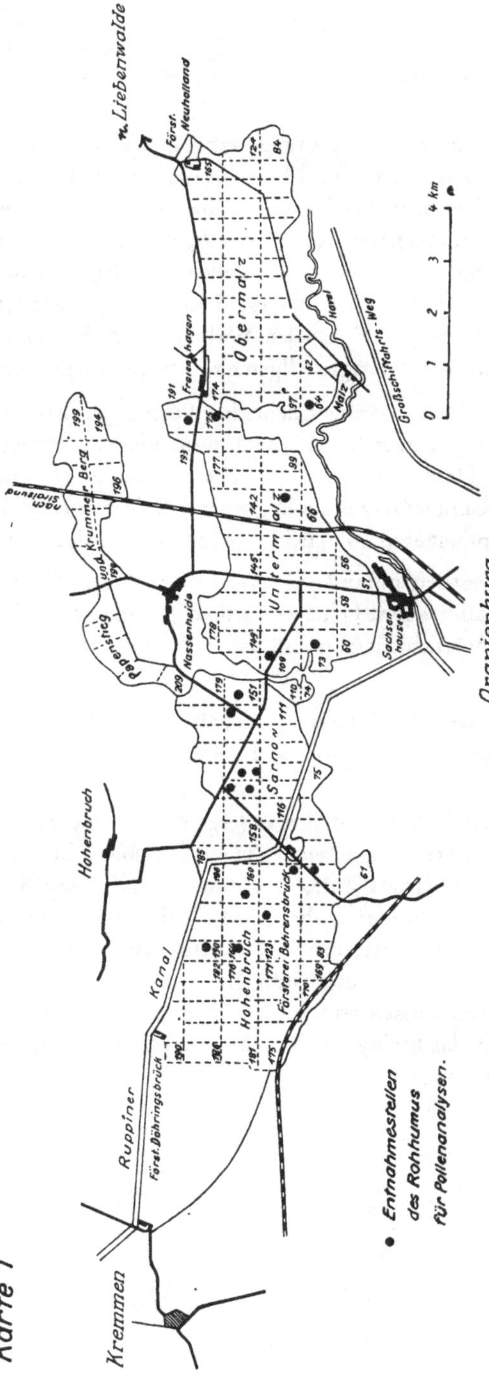

Karte 1

3. Problemstellung

Das oben angegebene Gebiet wurde zur Bearbeitung ausgesucht, weil es geologisch sehr gleichmäßig ist und darum geologische Verschiedenheiten aus dem Fragenkomplex ausscheiden.

Bei der sehr gleichmäßigen Zusammensetzung der Talsande ist die grundlegende Bodenart in ihrer physikalisch-chemischen Zusammensetzung sehr gleichförmig.

Unterschiede im Standort werden durch die verschiedene Tiefe des Grundwassers hervorgerufen. Das Vorkommen von zeitweilig überschwemmten Beständen, wie den Erlensümpfen, bis zu den Beständen, bei denen das Grundwasser bei seinem höchsten Stand bei etwa 2 m ansteht, erlaubte es, diesen Faktor ganz besonders zu berücksichtigen und seine Abhängigkeit zu den Waldgesellschaften zu zeigen.

Daneben konnte auch auf Fragen allgemeiner Bedeutung eingegangen werden, z. B.:

a) Bekanntlich wird von nordwestdeutscher Seite ein artenarmer Buchenwald ignoriert bzw. als Buchenwaldgesellschaft abgelehnt oder zu anderen Waldgesellschaften hinzugerechnet. Im Untersuchungsgebiet tritt ein derartiger artenarmer Buchenwald in verschiedener Zusammensetzung auf großen Flächen auf. Seine Natürlichkeit kann bewiesen und seine pflanzensoziologische Stellung aufgezeigt werden.

b) Der in Nordwestdeutschland sehr verbreitete Eichen-Birkenwald wird oft auch auf Ostdeutschland ausgedehnt [Hausendorff (21)]. Aus nachstehenden Uutersuchungen kann aber seine Natürlichkeit nur auf ganz beschränkten Standorten angenommen werden.

c) Die Frage, wieweit die Kiefer in Grundwassernähe noch natürlich vorkommt, konnte geklärt werden, denn oft wurde die Kiefer auf diesen Standorten als unnatürlich angesehen.

Ausgehend von der Wald- und Bestandesgeschichte, die einen Beitrag zur Klärung der natürlichen Holzartenzusammensetzung des Gebiets liefert, wurde die Methode der Pollenanalyse, vor allem die des Rohhumus, geprüft und weiterhin die pflanzensoziologischen Einheiten herausgearbeitet sowie ihre Beziehungen zum Grundwasserstand und Bodenbildung untersucht. Wurzeluntersuchungen auf den verschiedenen Standorten sollen das Bild vervollständigen.

Aus den obigen Ergebnissen wurden Standortstypen zusammengestellt, für die aus Untersuchungen über das biologische Verhalten und den Ertrag der Holzarten Betriebszieltypen aufgestellt wurden.

B. HISTORISCHE UNTERSUCHUNGEN

I. Archivalische Untersuchungen

1. Allgemeine Waldgeschichte

Der Zweck wald- und bestandesgeschichtlicher Forschung ist, wie gesagt, ein vielfacher. Einmal soll möglichst die natürliche Holzartenzusammensetzung aufgezeigt werden und damit der Pflanzensoziologie wichtige Hinweise gegeben werden, andermal können aus der Wald- und Bestandesgeschichte Schlüsse für die Praxis besonders für die waldbauliche Planung gezogen werden.

Bestandesgeschichtliche Bearbeitung märkischer Wälder sind von Olberg (32) für das Forstamt Chorin und von Hausendorff (21) für das Forstamt Grimnitz durchgeführt worden und ergaben wichtige Schlüsse für die Holzartenentwicklung auf dem Höhendiluvium. Die in den Forstämtern Eberswalde und Finowtal von Borgmann und Kanzow durchgeführten Untersuchungen sind nicht veröffentlicht worden, wurden aber von verschiedenen Autoren bei der Bearbeitung einzelner Fragen herangezogen.

Für die waldkundliche Betrachtung eines Gebiets ist neben der Holzartenentwicklung auch die Veränderung des Zustandes der Waldfläche von Bedeutung; besonders aufschlußreich ist die Entwicklung von Beständen, der Bodenflora und der Kiefernaturverjüngung auf aufgeforsteten Ackerflächen, wo neben der Entwicklung der Bodenprofile auch die Höhe der Rohhumusauflagen in einer genau bekannten Zeit untersucht werden kann. Solche Beispiele finden sich auch im Untersuchungsgebiet.

Auf die Veränderungen der Holzartenzusammensetzung haben neben Naturereignissen (z.B. Frostschäden an Eichen im Winter 1739/40), die Bewirtschaftung, namentlich deren Intensität großen Einfluß, sowie Berechtigungen, wie Streunutzung und Vieheintrieb, ferner der Saatgutbezug und auch die Auswirkung der Absatzverhältnisse des Holzes.

Die archivalischen Untersuchungen sind im Jahre 1939 gemacht worden unter Benutzung folgender Quellen:

1. Karten des damaligen Geheimen Staatsarchivs in Berlin-Dahlem (voll ausgewertet),
2. Akten des damaligen Geheimen Staatsarchivs in Berlin-Dahlem (nicht voll ausgewertet),
3. Karten der damaligen Regierung in Potsdam (voll ausgewertet),

4. Karten des Forstamts Sachsenhausen (voll ausgewertet),
5. Betriebswerke des Forstamts Sachsenhausen (voll ausgewertet).
Genaues Verzeichnis am Schluß des Abschnitts I.

Als Grundlage wurden die natürlich gut abgegrenzten und historisch bestimmten Waldteile, deren Namen seit altersher feststanden, benutzt, weil dadurch eine gewisse Geschlossenheit erreicht werden konnte und die spätere Abgrenzung der Revierförsterbezirke ziemlich willkürlich erfolgt ist und auch oft wechselte.

Die unten angegebenen „Reviere" bildeten auch zuerst die unteren Verwaltungseinheiten (s. Karte 1):

I. Der *Obermalz*, der östlichste Teil des Untersuchungsgebiets, hat seine Westgrenze in den sogenannten Möllmerseewiesen und bildet die Revierförsterei Neuholland und den Ostteil der Revierförsterei Freienhagen.
II. Der *Untermalz* reicht von den Möllmerseewiesen bis zum Teschendorfer Graben, bildet den westlichen Teil der Revierförsterei Freienhagen und die Revierförsterei Sachsenhausen.
III. Der *Papenstieg*, ein schmaler Waldteil nordwestlich von Nassenheide bis zur Neustrelitzer Chaussee.
IV. Der *Krumme Berg*, der nordöstlich von Nassenheide gelegene Waldteil, östlich der Neustrelitzer Chaussee. Der Name Krumme Berg gilt auch später für den Papenstieg; in der Betrachtung werden beide Waldteile zusammengenommen.
V. Der *Sarnow*, westlich des Teschendorfer Grabens bis zum Ruppiner Kanal, jetzt Revierförsterei Teerofen.
VI. Das *Hohe Bruch*, südlich des Ruppiner Kanals, jetzt Revierförsterei Behrendsbrück und Revierförsterei Döhringsbrück des Forstamtes Kremmen.

a) Verwaltungsgeschichte

Eine eigentliche Revierbildung, die etwa unseren heutigen Forstämtern entspricht, kommt erst Mitte des 18. Jahrhunderts auf, als unter Friedrich II. ein besonderes Forstdepartement errichtet wird.

Es wird ein Revier Oranienburg gebildet, etwa die heutigen Forstämter Sachsenhausen und Borgsdorf, dazu aber noch ein Revierteil bei Bernöve, zeitweilig auch der Krämer, jetzt zum Forstamt Kremmen gehörig, und einzelne Revierteile, die heute gerodet sind und die weiter unten erwähnt werden.

1766 erfolgt die erste Vermessung des Reviers (Karte von Nätcke). Die Vermessung ist ungenau und die Karte offensichtlich falsch. Hier schon ist die erste Einteilung in Quadratjagen eingetragen, deren Seitenlänge ungefähr 700×700 m.

Auf dieser alten Jageneinteilung beruht das heutige Gestellnetz des Forstamts Sachsenhausen, so daß die bestandesgeschichtliche Arbeit, außer der wiederholten Umnumerierung und Teilung in Rechteckjagen (1874) sehr erleichtert wird.

Um 1787 wird ein selbständiges Revier Neuholland gebildet mit dem Sitz des Oberjägers im Gebäude der heutigen Revierförsterei Neuholland. Das Revier umfaßte damals den Obermalz, Untermalz und den Krummen Berg. Die Reviere Sarnow und Hohenbruch blieben beim Revier Oranienburg.

1817 wurden dem Neuholländer Revier die Reviere Sarnow und Hohenbruch zugelegt und blieben im Verbande der Oberförsterei Neuholland, bis 1904 vom Hohenbruch die Revierförsterei Döhringsbrück abgetrennt und der damaligen Oberförsterei Rüthnik zugelegt wurde.

1923 wird der Name der Oberförsterei Neuholland in Sachsenhausen umgeändert, wo sich der Sitz des Forstamts seit 1877 befindet.

In der inneren Einteilung nach Unterförstereien, den heutigen Revierförstereien, treten häufig Änderungen auf. Neben den Unterförstereien gibt es sog. Wirtschaftsblöcke, die aber mit den Unterförstereien nicht übereinstimmen. So ist z. B. der Krumme Berg bald beim Untermalz, bald beim Sarnow. Das Revier Sarnow geht auch auf das Hohe Bruch, jetzige Jagen 75 und 76. Die Grenze zwischen der später eingerichteten Försterei Döhringsbrück und der Försterei Behrendsbrück ist auch nicht immer die gleiche.

b) Veränderungen der Waldfläche

Bis in die allerjüngste Zeit hat die Waldfläche eine ständige Minderung erfahren. Wenn man auch die Vermessungsergebnisse aus früheren Jahren nicht als Vergleich heranziehen kann, denn je weiter man zurückgeht, desto ungenauer werden die Vermessungen, so genügt ein bloßer Überblick, um diese Tatsache zu erkennen.

Im äußersten Osten wird nach 1770 ein großes Stück Wald gerodet (östlich der Jagen 84, 124, 165). Südlich des Papenstiegs (Jagen 205—209) verschwindet allmählich ein großer Waldteil, ebenso verschwinden südlich der Jagen 58—60 Waldstücke.

Südlich der Jagen 73 und 74 verschwindet sogar ein ganzer Revierteil: „der Tiergarten", nach dem die Tiergartenschleuse benannt ist. Lange Zeit hat dieser Tiergarten als Blöße gelegen. Ebenso werden nach und nach südlich des Hohen Bruchs (Jagen 61, 75—78, 81—83) beträchtliche Stücke gerodet.

Schließlich fällt auch ein anderer ganzer Revierteil, „das Schleuensche Luch", nordwestlich von Döhringsbrück, der Axt zum Opfer. Noch eine Reihe von kleineren isoliert gelegenen Waldstücken, namentlich nördlich vom Untermalz, z. B. der Birkhorst, werden allmählich gerodet.

Weiter verschwindet die sog. Oranienburger Bürgerheide, südlich von Sarnow und Hohenbruch, zwischen Oranienburg und Germendorf, dazu die sog. „adlig Hoppenradsche Heide" nordwestlich vom Papenstieg.

Demgegenüber ist die zugegangene Fläche gering. So Ackeraufforstungen: Jagen 150 c, 165 b und d, 195 d, 196 d; die Jagen 74 und 110 werden als Blößen der ehemaligen Oranienburger Bürgerheide aufgeforstet. In den Jagen 79, 80, 123 und 188 werden Germendorfer Kossätenäcker aufgeforstet.

c) Rechtsverhältnisse

Bis in die Mitte des 19. Jahrhunderts lasteten auf der Forst eine Unmenge von passiven Berechtigungen, die von großer waldbaulicher Bedeutung waren.

Die ganze Niederung, in der das bearbeitete Gebiet liegt, ist eigentlich erst Mitte des 18. Jahrhunderts der Besiedlung erschlossen worden. Neuholland und Hohenbruch sind Gründungen Anfang des 17. Jahrhunderts. Freienhagen, Friedrichstal und Sachsenhausen sind Mitte des 18. Jahrhunderts angelegt worden. Alle diese Kolonien wurden mit Waldberechtigungen ausgestattet, zu diesen Berechtigungen kamen die der alten Dörfer.

Wenn auch die Raff- und Leseholzberechtigungen nicht belastend waren, auch die Entnahme trockenen Holzes und Lagerholzes keine waldbaulichen Einwirkungen hatten, so war doch die Lieferung von Bau- und Brennholz an die Berechtigten eine große Belastung für die Forst.

Die überall ausgeübte und privilegierte Waldweide erschwerte sehr die waldbaulichen Maßnahmen. Bei der Aufstellung der Betriebspläne mußte auf sie Rücksicht genommen werden, nur ein bestimmter Teil des Waldes durfte als Schonort dem Vieh vorenthalten werden. Nicht nur die benachbarten Ortschaften, sondern auch entferntere hatten das Recht des Vieheintriebs. So lastete 1848 noch die Berechtigung, 1422 Pferde, 3336 Rinder, 4391 Schafe und 343 Schweine im Walde zu weiden.

An aktiven Berechtigungen hatte die Forst bis etwa 1800 eine ganze Reihe, diese waren mit der Dienstpflicht beim Amte Oranienburg verbunden und entfielen zum Teil beim Ausscheiden der Forst aus dem Bereich des Amtes. Es waren Hand- und Spanndienste, Hilfeleistungen bei den Kulturen, Sammeln und Pflücken von Kiefernzapfen, Pflügen und Zapfensäen.

Alle diese Berechtigungen fanden in den sechziger Jahren des 19. Jahrhunderts ihr Ende. Sie wurden durch Abtreten von Waldteilen abgelöst.

d) Bewirtschaftung

Bis Mitte des 18. Jahrhunderts wird eine regellose Plenterwirtschaft geherrscht haben. Die Entnahme des Holzes erfolgte nach Bedarf, es werden die besten Stämme zuerst gehauen worden sein. Die Erfüllung der Berechtigungen hat eine große Rolle gespielt. Vorkommende Naturereignisse und Kriege belasteten den Wald schwer, der als eine willkommene Naturalreserve betrachtet wurde. Die Wälder wurden immer mehr und mehr devastiert, so daß im Jahre 1755 (Erlaß vom 27. Juli 1755. Original im damaligen Staatsarchiv in Berlin-Dahlem), um der drohenden Holznot zu begegnen und den Bedarf für die einheimischen Eisenhütten sicherzustellen, ein „Einrichtungserlaß" herausgegeben wurde.

Dieser Erlaß, der eine Nachhaltigkeit erstrebte, sah die Einteilung der Forsten in Schmalschläge vor, je Hiebszug 70 Schläge, so daß sich eine 70jährige Umtriebszeit ergab. Die Forsten wurden so eingeteilt: das Untersuchungsgebiet 1766 in Quadrate, diese in die obengenannten Schmalschläge. Die Unterteilung in Schmalschläge ist auf der Karte von 1769/70 für das ganze Gebiet klar ersichtlich. 1790 ist diese Einteilung auf der derzeitigen Karte noch gut zu erkennen.

Ob diesem Erlasse Folge geleistet wurde, ist sehr zweifelhaft, vielmehr wurden immer zwei Schmalschläge zusammengenommen, so daß sich eine 140jährige Umtriebszeit ergab.

Eine gewisse Besserung der Wirtschaft trat aber doch ein, die Naturverjüngungen wurden durch Ballenpflanzungen ausgebessert. Bodenverwundung durch Plaggen und Eggen geschah auch im Revier, um den Anflug der Kiefer zu fördern. Es wurde sogar „Vollumbruch" mit nachfolgender Zapfensaat ausgeführt. Jedoch standen diesen

Kulturmaßnahmen die Weideberechtigungen immer im Wege, so daß wir uns über den Erfolg kein klares Bild machen können.

Die im großen ganzen doch auf die „Naturverjüngung" der Kiefer eingestellte Wirtschaft hatte auf den trockeneren Böden zum Teil Erfolge, versagte jedoch auf den frischeren und feuchten Übergangsböden, auf denen die Verjüngung der Laubhölzer durch Viehverbiß zurückgehalten wurde. Während in den eigentlichen Kiefernteilen die Devastierung sich dahin äußerte, daß oft reine Birkenbestände entstanden, blieben die Flächen auf feuchteren Böden als Blößen liegen, da die Viehweide jedes Aufkommen von Laubholz verhinderte.

Was die Naturverjüngung der Kiefern- und der Kiefern-Buchenmischbestände anbetrifft, so sind die Meinungen über den Einfluß der Viehweide geteilt. Es ist möglich, daß die Beweidung durch das Vieh bei der Entstehung der Kiefern- und Kiefern-Buchenmischbestände im Untersuchungsgebiet eine Rolle gespielt hat.

Bei den feuchten Übergangsböden war, wie gesagt, die Sachlage ganz anders, sie sind bis 1874 kaum bestockt geblieben, da auch die künstliche Laubholzkultur wegen der starken Spätfröste auf Schwierigkeiten stieß. Lange unbestockte Blößen waren z. B. in den Jagen 75—77, 112, 113, 179, 180, 197, 203, 206—209.

Der Anteil der Blößen und Räumden an der gesamten Holzbodenfläche war folgender:

1811	Obermalz, Untermalz, Krummer Berg .	10,5 %
1820	Ganzes Neuholländer Revier	32,0 %
1846	Obermalz	0,44 %
	Untermalz und Krummer Berg	7,3 %
	Sarnow	29,0 %
	Hohenbruch	4,9 %
	Ganzes Revier Neuholland	8,3 %
1848	Ganzes Revier Neuholland	9,1 %
1856	„ „ „	7,3 %
1874	„ „ „	3,7 %

Die obige Tabelle zeigt das Überwiegen der Räumden und Blößen in den feuchteren Revierteilen (Krummer Berg, Sarnow, Hohenbruch). Gleichzeitig ersieht man die zunehmende Kultivierung der produktionslosen Flächen, zu deren Kultur Kiefer, Fichte und Birke verwandt wurden. Die heutigen Fichtenbestände sowie die schlechten, äußerst grobastigen Kiefernbestände und die reinen Birkenbestände sind zum größten Teil solche Blößenaufforstungen.

Bis 1851 hat man sich schlecht und recht mit dem „Samenschlagverfahren" geholfen. Der Zustand der Verjüngungen soll 1856 ein sehr schlechter gewesen sein. So wurde 1851 die „Samenschlagwirtschaft" eingestellt, zu der man zur Nachbesserung Ballenpflanzen in sog. Ballenkämpen erzog, die zum Teil heute noch zu sehen sind.

1855 wurde das Pflanzen der Kiefer mit entblößter Wurzel eingeführt, daneben wurden auch Saaten vorgenommen, z. T. auf Plätzen, z. T. auf Hackstreifen. Mit diesem Jahr begann auch die Periode der Kahlschlagwirtschaft, die in verschiedener Flächengröße bis auf den heutigen Tag ausgeübt wird.

Da die Kiefer schon seit Mitte des 18. Jahrhunderts die Hauptholzart ist, wurde sie immer besonders bevorzugt. Die Eiche wurde seit Ende des 18. Jahrhunderts als Heister im Reinbestand gepflanzt, die Heister wurden in besonderen „Eichelkämpen“ herangezogen. So entstanden die Alteichenbestände z. B. in den Jagen 79, 119, 128, 129, 188 durchwegs aus Heisterpflanzung. Dann trat bis ungefähr 1880 Ruhe in der Eichenkultur ein, um wieder Eichenreinbestände aus Pflanzung zu begründen, in Form der Mortzfeldschen Löcher oder auch als kleine Bestände, so daß das heutige Revierbild verhältnismäßig reich an reinen, aber in ihrer Qualität nicht immer befriedigenden Eichenbeständen ist.

Während der Kiefernsamen durchwegs aus der Darre Schmachtenhagen, also aus dem Revier selbst bezogen wurde (nur einmal taucht 1884 die Darre Bischofstal und 1889 die Darre Großtabarz auf), und somit die Provenienz der Gegend darstellt, wurde auch der Eichensamen aus der Mark (Schorfheide) bezogen, hier taucht nur einmal der ominöse Name der Firma Appel-Darmstadt (1884) auf. Jüngere schlechte Eichenbestände können demnach eine schlechte Provenienz darstellen, während bei den schlechten Kiefernbeständen der für die Kiefer allzu nasse Boden verantwortlich ist.

Der Buche wurde niemals ein Augenmerk bezüglich ihrer Verjüngung geschenkt, alle „Buchenunterbauten“ sind natürlich durch Hähersaat entstanden, wobei die Buche sich in schon 30jährigen Kiefernbeständen einfand (Krummer Berg, Untermalz, Sarnow), zum Teil besteht dieser Unterwuchs auch aus altem Stockausschlag.

Was die Birke anbetrifft, so ist ihre Naturverjüngung stellenweise sehr reichlich, doch sehr willkürlich. Die heutigen reinen Birkenbestände sind durch Pflanzung begründet worden. Bei der Birke, die auf geeigneten Böden sehr gute Qualität zeigt, muß man, was die Provenienz anbetrifft, besonders vorsichtig sein, denn von 1874, vielleicht schon früher, sind Birkensamen von der Firma Trumpff-Blankenburg bezogen worden, so daß nicht befriedigende Birkenbestände unter anderem auch auf falsche Provenienz zurückzuführen sind.

Die im Revier sehr zahlreichen Erlenbrücher wurden seit alter Zeit im Niederwaldbetrieb bewirtschaftet. Jedoch wurden auch vielerorts Erlen gepflanzt, da die alten Stöcke eingingen. Hier ist besonders viel schlechte Provenienz in den Jahren 1874—1890 und später von der Firma Trumpff-Blankenburg geliefert worden.

Mit dem Anbau (Pflanzung) der Fichte wurde früh begonnen, er blieb örtlich beschränkt. Fichten in den Jagen 129 und 130 stammen aus den achtziger Jahren des 18. Jahrhunderts und haben sich bis in die jüngste Zeit erstaunlich gut gehalten. Erst um 1880 entstanden auf den alten Räumden Fichtenbestände, so auf dem Krummen Berg, Sarnow und Hohenbruch.

Auch die Weymouthskiefer hat man um 1780 angebaut (Jagen 130), nach der Mode der damaligen Zeit, aus der auch die Weymouthskiefern im ehemaligen Schloßpark in Friedental stammen.

Die Lärche ist auch schon um 1780 angebaut worden, ihr Anbau wurde in jüngster Zeit mit Erfolg verstärkt.

Die anderen Holzarten (Esche, Hainbuche, Linde und Rüster) haben sich nur durch Naturverjüngung im Revier zum Teil behaupten können.

Zu bemerken ist noch das spontane Vorkommen der Elsbeere in den Jagen 120, 161 und 185.

e) Naturereignisse

Aus den archivalischen Belegen ist nicht zu ersehen, daß sich Naturereignisse maßgebend auf die Wirtschaftsführung ausgewirkt haben. Wohl ist es möglich, daß der strenge Winter 1739/40 auch hier die Eichen dezimiert hat.

Besonderen Schaden richteten aber Stürme an, bei ungeschickter Hiebsführung könnte ihr Schaden noch größer sein, da fast im ganzen Revier wegen des hohen Grundwasserstandes *alle* Holzarten relativ flach wurzeln.

Das Untersuchungsgebiet hat zwar eine gegen die Hauptwindrichtung günstige Lage, gegen andere Windrichtungen ist es dagegen schlecht geschützt.

1790 soll ein großer Sturm einen Teil des Sarnow, des Hohenbruchs und des Krummen Berges geworfen haben. Eine Menge kleine Löcher bemerkte man noch 1848, sie sind noch heute zu sehen (Jagen 159). Dann wird aus den Jahren 1827, 1830, 1834, 1865 und 1869 von starken Stürmen berichtet. Zuletzt warf ein Orkan 1934 viel Holz.

Eine weitere Gefahr in dieser Niederungsgegend sind die Spätfröste, die besonders stark auftreten und auf den Freiflächen die Kultur der Laubhölzer, besonders der Eiche, sehr erschweren. Aus den Quellen ist es bekannt, daß die Kulturen dauernd unter Spätfrösten leiden.

Raupenfraß tritt mehrmals ein, so z. B. in den Jahren 1821—1823, doch ist der Schaden nicht groß. Man kann von Glück sagen, daß das Untersuchungsgebiet von großen Insektenkalamitäten verschont geblieben ist. Zum Teil ist dies auf die Mischbestände zurückzuführen, zum Teil auch auf die große Vitalität der Kiefer auf diesen Standorten, die einer Kalamität wirksam begegnet.

Im allgemeinen kann man sagen, daß von den Naturereignissen in erster Linie die Spätfröste eine Einwirkung auf die Wirtschaft gehabt haben, denn hier sind in tieferen Lagen viele Kulturen vernichtet worden.

Der Windwurfgefahr suchte man durch Aufstellung von Hiebszügen zu begegnen, die aber in der Praxis nicht verwirklicht wurden.

f) Einfluß der Absatzverhältnisse

Transport- und Bringungslage sowie die Absatzverhältnisse in früheren Zeiten wirken sich stark auf die Entwicklung der Holzartenzusammensetzung aus.

Die guten Absatzverhältnisse des Untersuchungsgebiets mögen dazu beigetragen haben, daß der Revierzustand Anfang des 19. Jahrhunderts ein sehr schlechter war, zu dem auch die Berechtigungen ihren Anteil beigetragen haben.

Die Nähe von Berlin, wohin im 18. Jahrhundert durch die „octroyierte Brennholzkompagnie“ Brennholz geliefert wurde, die Nähe der Veltener Kachelöfen, die ihren Holzbedarf zum Teil auch aus dem Neuholländer Forst deckten, die Nähe der Stadt Oranienburg mit ihrer chemischen Fabrik und die Glashütte zu Friedrichstal, die zwar verpflichtet war, Steinkohle zu brennen, aber doch Holz aus dem Wald bezog, haben an der Verminderung des Holzbestandes wesentlich beigetragen.

Dazu war das Revier durch Wasserstraßen hervorragend aufgeschlossen, der Ober- und Untermalz durch die Havel, der Sarnow und der Hohe Bruch durch den Floßgraben, der 1786 durch den Ruppiner Kanal abgelöst wurde. Die vielen Ablagen zeigen das auch:

Havel:	1.	Ablage	Ideler (Jagen 87)
	2.	„	Kusenitz (Jagen 62)
	3.	„	Großer Uhlenhorst (Jagen 64)
	4.	„	Kleiner Uhlenhorst (Jagen 64)
	5.	„	Apfelbaum (Jagen 66)
Ruppiner Kanal:	6.	„	Behrendsbrück (Jagen 116)
	7.	„	Lenz (Jagen 159)
	8.	„	Heu (Jagen 185)
	9.	„	Brand (Jagen 189),

das sind 9 Ablagen, früher waren es noch viel mehr, zum Beispiel bei der Tiergartenschleuse.

Wie schon Olberg (31) zeigte, war der Einfluß der Transportverhältnisse auf den Waldzustand und die Holzartenzusammensetzung sehr groß.

g) Einfluß der Berechtigungen und Nebennutzungen

Der Einfluß der Viehweide auf die Wirtschaftsführung wurde schon oben gestreift und deren Einwirkung auf die Holzartenzusammensetzung erörtert.

Viehweide, Streunutzung und Waldbrand sollen die drei Bundesgenossen der Kiefernnaturverjüngung in der Mark sein. Es mögen sich also durch den Vieheintrieb und durch die damit verbundene Bodenverwundung und Zurückhaltung des Grases bessere Naturverjüngungsbedingungen ergeben haben, als sie bei der geordneten Wirtschaft heute bestehen. Es mögen damals Verhältnisse im Walde geherrscht haben, die wir heute gar nicht kennen und die das Aufkommen des Kiefernanflugs ermöglicht haben.

Die Verjüngung war natürlich nicht tadellos, im Gegenteil sehr lückig und mußte, um nur einen einigermaßen guten Bestand zu erzielen, stark nachgebessert werden. So förderte der Vieheintrieb aller Wahrscheinlichkeit nach den Anteil der Kiefer.

Von den anderen Nebennutzungen ist die Streuabgabe von Wichtigkeit, die besonders im Obermalz ausgeübt wurde. Sie ist aus den Jahren 1865 bis 1909 aus dem Taxationsnotizenbuch und dem späteren Hauptmerkbuch bekannt.

Diese Streuabgabe bildet wahrscheinlich die Grundlage für die Kiefernnaturverjüngung im Obermalz, deren Untersuchung aber einer besonderen Arbeit bedarf.

Es ist erstaunlich, wie naturverjüngungsfreudig der Obermalz war. In den Jahren 1874 und 1909 sind in folgenden Jagen flächenweise Kiefernnaturverjüngungen vorhanden: 86–91, 93, 96, 124–127, 131–137.

Die Ausdehnung der Kiefernnaturverjüngung im Untermalz ist geringer: Jagen 59, 67, 70, 99, 102, 104, 139, 143, 162, 175. Im Sarnow ist keine Kiefernnaturverjüngung vorhanden, im Hohen Bruch nur auf den Dünen in den Jagen 80 und 83.

h) Hiebsergebnisse, Abnutzungssätze und Umtriebszeiten aus früheren Jahren

Die Feststellung der Hiebsergebnisse und die Ableitung eines historischen Abnutzungssatzes sind für das Untersuchungsgebiet sehr schwierig zu treffen, einmal sind die Unterlagen mangelhaft, andermal beziehen sich die Angaben auf die ganze Fläche des alten Neuholländer Reviers, die auch schwankt, auch wegen der ungenauen Flächenvermessungen.

Man kann also nur eine überschlägliche Rechnung anstellen. Beispiel:

1820 ist ein Abnutzungssatz von 2933 Klafter, ein Klafter mit 2,6 fm angenommen, also ungefähr 7610 fm. Dieser Abnutzungssatz bezieht sich auf eine Revierfläche von 19547 Morgen, der Morgen zu 0,255 ha, also gleich 4970 ha, es sollen also jährlich ungefähr *1,5 fm/ha* gehauen werden.

Dieser Abnutzungssatz ist auf das ganze Revier bezogen, das auch Waldteile enthält, die außerhalb des Untersuchungsgebiets liegen. Darin sind auch alle Blößen und Räumden einbegriffen, so daß man nach dem Abnutzungssatz den damaligen Revierzustand ungefähr erkennen kann.

Es sind aber tatsächlich 1820—1834, also in 15 Jahren, jährlich *1,85 fm/ha* gehauen worden, es ist also mehr als vorgesehen war.

Von 1849 bis 1856, also in 8 Jahren, sind jährlich *1,6 fm/ha* gehauen worden.

Diese geringen Abnutzungssätze lassen zwar eine vorsichtige Wirtschaft erkennen, aber sie werden sich nach den vorhandenen Massen gerichtet haben.

1848 sind in einigen Altbeständen, die hauwürdig waren, die Massen geschätzt worden. Sie erreichen den Höchstwert von 146 fm/ha, bewegen sich aber in der Regel um 100 fm/ha.

Gering sind auch die Nutzholzanteile. 1820 sind bei der Eiche 88 fm Nutzholz gegenüber 343 fm Kloben und Knüppel und bei der Kiefer 625 fm Nutzholz gegenüber 3810 fm Kloben und Knüppel im ganzen damaligen Revier geschlagen worden.

Was die Umtriebszeiten anbetrifft, so sind sie im allgemeinen sehr konstant gehalten worden:

Kiefer 120 Jahre, Birke 60 Jahre, Erle 40 Jahre.

Das Altersklassenverhältnis ist 1848 im Hochwald folgendes:

I. über 100 Jahre	1,5 %
II. (81—100 Jahre)	16,5 %
III. (61—80 Jahre)	24,0 %
IV. (41—60 Jahre)	19,5 %
V. (21—40 Jahre)	16,0 %
VI. (1—20 Jahre)	19,0 %
reine Blößen	3,5 %.

Räumden sind in die betreffenden Altersklassen eingereiht worden.

Es fällt auf, daß altes Holz wenig vorhanden ist und die III. Altersklasse überwiegt, das sind also die Verjüngungen aus den Jahren 1768 bis 1788, aus den Jahren also, in denen die Forstwirtschaft einen gewissen Auftrieb erhalten hatte. Aus dem verhältnismäßig geringen Anteil der I. und II. Altersklasse kann man die Auswirkung der Fridericianischen Kriege ersehen, während die geringe Ausstattung der Altersklasse V auf die Kriege 1813—1815 zurückzuführen ist.

1874 ist das Altersklassenverhältnis folgendes:

I.	7 %
II.	24 %
III.	15 %
IV.	16,5%
V.	21 %
VI.	12 %
Blöße	4 %

Das Bild hat sich zugunsten des älteren Holzes etwas verschoben, wobei diesmal die V. Altersklasse gut ausgestattet ist, während von jüngeren Beständen nicht viel vorhanden ist.

Die spätere Entwicklung kann man dahin zusammenfassen, daß sich das Altersklassenverhältnis immer mehr und mehr gebessert hatte und bis in die jüngste Zeit eine ganze Reihe von wertvollen Altbeständen vorhanden waren.

2. *Bestandesgeschichte der einzelnen Waldteile*

Die Betrachtung der Wirtschaftsmaßnahmen früherer Jahre sowie deren Beeinflussung durch verschiedene Faktoren machen die Entwicklung der Holzartenanteile bis in die heutige Zeit verständlich, lassen aber auch manche Frage offen.

Die Bestandesgeschichte ist nach den Böden verschieden, so daß man eigentlich für jede Abteilung eine solche aufstellen muß. Dies ist auch bei der Vorbearbeitung geschehen, aber nur bis ungefähr 1800 durchführbar, für frühere Zeiten beziehen sich die Angaben meist auf ganze Waldteile.

Zur Vervollständigung des Bildes müssen dann die anderen waldkundlichen Methoden, die pollenanalytische, pflanzensoziologische und die bodenkundliche eingreifen. Die Bearbeitung der Bestände nach diesen anderen Methoden wird weiter unten versucht.

In diesem Abschnitt soll nur das gebracht werden, was die Archivalien ergeben haben, das sind Ergebnisse, die bis 1768—1770 zurückgehen. Auf Erkenntnisse, die andere Quellen geliefert haben, soll nur in einzelnen Fällen eingegangen werden.

So sind die bestandesgeschichtlichen Ergebnisse für die einzelnen Waldteile zusammengefaßt worden, die nachstehend zuerst aufgeführt werden, worauf sich eine bestandesgeschichtliche Betrachtung des gesamten grundwassernahen Waldkomplexes des Untersuchungsgebietes anschließt.

a) Der Obermalz

Der Obermalz umfaßt die heutigen Jagen 62—64, 84—97, 124—137, 165—174. Er ist der östlichste untersuchte Waldteil, der bis auf 5 km an die Stadt Liebenwalde herangeht und im Süden und Osten durch die Havelwiesen, im Norden durch die Ackerflächen der Gemeinde Neuholland und im Westen durch die Möllmerseewiesen gut abgegrenzt wird.

Die Grundwasserverhältnisse sind sehr gleichmäßig, die durchschnittliche Tiefe des Grundwassers ist zwischen 2,00 und 2,50 m, nur in einer Senke des sogenannten Rhinschen Grabens (siehe unten) und in einigen Abteilungen im Westen bei den Möllmerseewiesen steht das Grundwasser höher an.

Nach der Karte von 1769/70 besteht der Obermalz aus: „Eichen, Kiehnen und Bircken". Es ist aber nicht angegeben, wie diese Holzarten verteilt sind.

Quer durch das Revier zieht sich ein breiter Streifen Erlen, am sogenannten Rhinschen Graben (Jagen 89/90, 130/131, 171/172). In der Legende sind auch die Flächen der Holzarten angegeben, alles als Mischholz:

Eichen und Büchen . .	7%
Eichen und Kiehnen . .	90%
Elsslaake	3%

Im Ostteil des Reviers befand sich eine Wildbahn, auch sind die Eichenabteilungen in den Jagen 129 und 166 schon angedeutet.

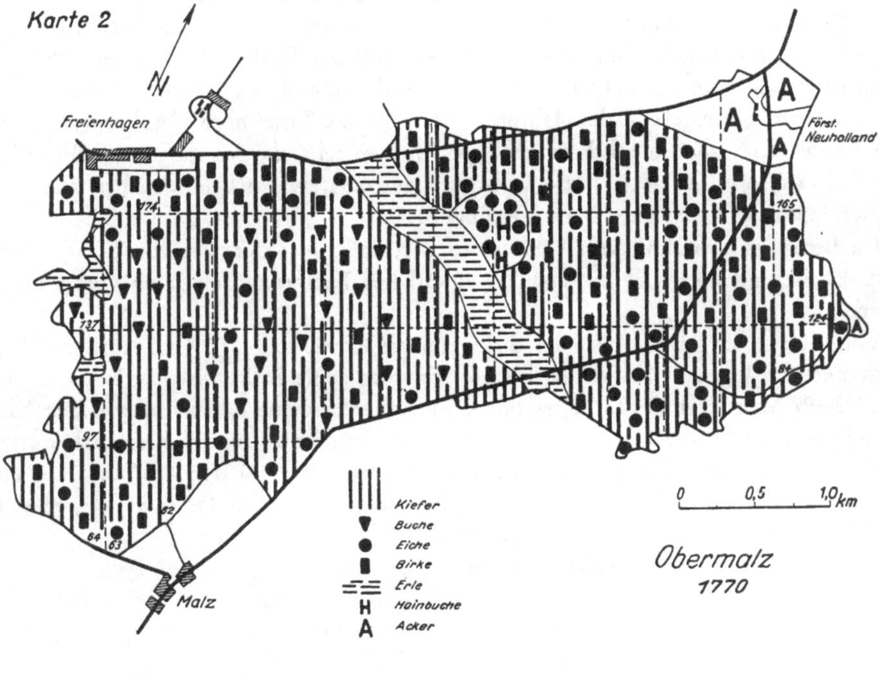

Bemerkung zu den historischen Karten:

Auf den historischen Karten ist versucht worden, die Holzartenentwicklung für die einzelnen Jagen und Abteilungen auf Grund der bestandesgeschichtlichen Bearbeitung dieser Einheiten darzustellen.

Die Signaturen sollen die Anwesenheit der einzelnen Holzarten in den betreffenden Jagen oder Abteilungen angeben. Es wurde versucht, auch das Mischungsverhältnis durch die Menge der einzelnen Zeichen auszudrücken. Blößen und Räumden sind besonders gekennzeichnet.

Bei der Anlage der Karte von 1770 sind alle Quellen dieser Zeit mit berücksichtigt worden im Zusammenhang mit den standörtlichen Gegebenheiten.

Im Folgenden wird auch die sogenannte Morgenländersche Forstbeschreibung der Kurmark mit herangezogen. Der Wert dieser Forstbeschreibung ist umstritten. Wahrscheinlich sollte Morgenländer den Zustand der damals sehr heruntergekommenen Wälder Preußens feststellen, besonders das Vorhandensein verkaufsfähigen Holzes ermitteln. Seine Ermittlungen beruhen wahrscheinlich auf Beantwortungen der von ihm an die Revierverwalter versandten Fragebogen, die sehr unterschiedlich geschahen. So muß an die Morgenländersche Forstbeschreibung strenge Kritik gelegt werden.

1780 schrieb Morgenländer: „Der Obermalz besteht aus gut Eichen, Büchen, viel Bircken, etwas Elsen und gut Kiehnen Holtz, es stehen kleine Striche Eichen und Büchen, auch wieder Eichen und Bircken beysammen. Kiehnen ist aber immer mit Eichen und Bircken meliert. Kaufmannsgüter von beyden Sorten sind noch etwas befindlich, und außer dem hat das Revier noch alle Sorten Bauholtz, so daß keine Art noch Sorte fehlt, und ein guter Strich Stangenholtz und ein guter Aufschlag ist gleichfalls hier. Der Wuchs des Holtzes ist gut, der Boden ist mehrenteils hoch, etwas Niederung und ein klein Bruch, jedoch alles sandig. Ablagen sind die Ühdler, Schweitzerbucht und beim Dorf Maltz an der Havel." Beim Dorf Malz befand sich auch ein Teerofen.

So war im Obermalz in den Jahren 1770–1780 die Eiche noch ziemlich verbreitet, das Revier muß aber ziemlich ausgehauen gewesen sein, da sich darin viel Birke befand. Die Kiefer ist auch stark verbreitet gewesen, wahrscheinlich aber auch gelichtet, doch fand sich gute Naturverjüngung.

Im Bereisungsprotokoll von 1783 hören wir, daß der Obermalz von Kiefern sehr entblößt ist und dort viel Birke steht, es soll mit Kiefernzapfensaaten vorgegangen werden.

Von der großen Ausbreitung der Birke gibt die Karte von 1790 gute Auskunft. Danach sind die Jagen 124 und 165 bis 169 ziemlich reine Birke, in den Jagen 62–64 und 93–97 überwiegt die Birke, es finden sich aber einzelne Kiefern darin. Die Kiefernfläche nimmt zwar einen großen Raum ein, doch ist sie mit Birken stark durchstellt. Von der Eiche sind die Anpflanzungen in den Jagen 90, 129, 130 und 166 bemerkenswert, sonst findet sie sich überall eingestreut, so in den Jagen 84–87, 89–91, 93, 94. Buche kann man nur in den Jagen 134 und 135 feststellen.

Um diese Zeit sind die Holzartenanteile folgende:

Kiefer	42%
Birke	32%
Räumde	26%.

Das Revier ist also ziemlich ausgehauen.

Aus dem Jahre 1811 liegt wieder eine Holzartenkarte vor. Die Birkenfläche ist etwas zurückgegangen, noch finden wir Birken stark vertreten in den Jagen 124, 129, 130, 165, 168, 169–171, 174, etwas im Jagen 95. Die Eiche ist ziemlich rein in den Eichenabteilungen der Jagen 125, 129, 130, 166 und 170 vertreten. Über eingemischte Eiche findet man keine Angaben. Einen großen Schonort, heute noch an den Abteilungsgrenzen kenntlich, finden wir in den Jagen 85b, 86, 125a, 126, er hat seine Westgrenze in dem Malz–Neuholländer Weg.

Die Holzartenverhältnisse sind folgende:

Eiche	1,2%
Kiefer	65,8%
Birke	19,0%
Erle	2,6%
Meliertes Holz . .	1,0%
Schonort	6,6%
Blöße	3,8%

Diese Zahlen kann man natürlich mit denen von 1790 nicht vergleichen, da sie auf ganz anderen Grundlagen gewonnen worden sind, doch zeigen sie die Abnahme der Birkenfläche und die Zunahme der Kiefer, wobei man den Schonort zur Kiefer rechnen muß.

Das Betriebswerk von 1820 und die Karten von 1819 und 1823 geben schon ein besseres Bild der Holzartenverteilung. Wenn auch das Betriebswerk ziemlich summarisch gehalten ist, so kann man aus den Holzartenangaben, verbunden mit dem Haungsplan, in dem vom Abtrieb alter Kiefern, Eichen, Buchen und Birken die Rede ist, sowie aus den Hiebsergebnissen von 1820–1834 und aus dem sogenannten generellen Kulturplan eine Vorstellung vom Waldzustand sich machen. Eine spezielle Angabe über die Holzartenanteile ist nicht gegeben, doch sind in dieser Beziehung die Karten wertvoll.

Jagen 165 sowie 166 Ost sind noch immer Birke, ebenso die Jagen 168–170 und 171 Ost. Diese Birken sind aber mit Kiefern und Eichen durchsetzt. Die eigentliche Birkenfläche hat stark abgenommen. Zugenommen hat die Kiefernfläche, doch ist die Kiefer nur in den Jagen 86 und 87 rein, sonst aber immer mit Birke, Eiche oder Buche gemischt. Es sind auch Kiefernalthölzer vorhanden (I. Altersklasse über 100 Jahre), so die Nordteile der Jagen 126–128, die Jagen 88, 89, 91, 92, 132 und 133. Starken Birkenanteil zeigen die Jagen 88–89 und 126–130.

Die Eiche ist außer in den künstlichen Anbauten in den Jagen 125, 129, 130 und 136 als Mischholz in Form alter Überhälter überall vertreten. Besonders schält sich ein Eichengebiet der östlichen Jagen heraus, so Jagen 84, 85, 125–127, 166–174, die Randjagen an der heutigen Chaussee. Auch ein Buchengebiet kann man erkennen, es sind die Westjagen des Obermalz: 96, 131–136, 173 und 174. Die Erle ist nur in kleinen Schlenken an den Möllmerseewiesen vertreten, tritt aber als Mischholz am Rhinschen Graben auf.

So bessert sich der Revierzustand. Die Kiefer gewinnt an Raum, die Eiche ist als zum Teil abständiges Holz vorhanden, ebenso die Buche. Die Birke verliert durch eine bessere Wirtschaft an Boden.

Die bei der Revision von 1846 gezeichnete Karte gibt uns einige Holzartenangaben in Flächen:

Nadelholz	96%
Hohes Laubholz . .	3%
Niederwald	1%
Blöße	ca. 0,05%

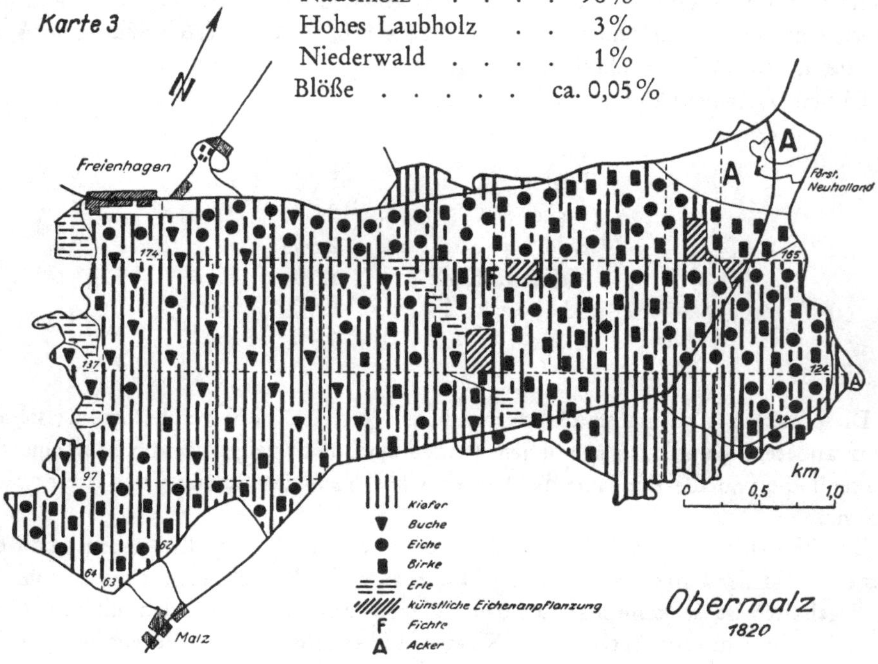

Karte 3 (Kombination der Karten von 1819 und 1823)

Das 1848 angefertigte Betriebswerk und die dazugehörige Karte unterrichten uns gut über die Verhältnisse im Obermalz. Das Holzartenbild verschiebt sich immer mehr und mehr zugunsten der Kiefer. Die Reste der alten Birkenbestände stehen noch in den Jagen 170 und 171, sonst ist aber die Birke als Mischholz überall vertreten. Immer ist der Obermalz noch arm an Masse, wenn auch die Bestände der I. Altersklasse fehlen, so ist doch die II. Altersklasse gut ausgestattet, nur sind die Massen gering.

Aus der II. Altersklasse sind zu nennen die Jagen mit Massen fm/ha:

Jagen	92 + 93	119 fm/ha
„	94 + 95	135 „
„	96	100 „
„	126 + 127 Nord . . .	94 „
„	132 + 133	133 „
„	134 + 135	133 „
„	136	113 „
„	171 Ost . . .	86 „
„	172	107 „
„	173	100 „

Die Masse des im Jagen 170 stehenden Birkenholzes ist gering, sie beträgt 45 fm/ha, sonst ist an hauwürdigem Birkenholz an Masse nicht viel vorhanden, vor allem in Kiefernbeständen, die wahrscheinlich sehr licht standen.

Abgesehen von den oben angegebenen künstlichen Eichenanpflanzungen ist die Eiche besonders vertreten in den Jagen 62 Ost, 96, 134—136, sonst in den Jagen 88 Süd, 126 und 127 Süd, 132, 133, 165—169 und 173. Man ersieht, daß der Obermalz verhältnismäßig viel Eiche hatte.

Die Buche ist als Überhälter oder als Jungwuchs vertreten, ihr Massenanteil ist nicht sehr hoch, am höchsten im Jagen 173. Die Erle findet sich außer in den Schlenken an den Möllmerseewiesen auch in den Jagen 129 und 130 am Rhinschen Graben.

Im Taxationsrevisionswerk von 1857/58 ist auf den Obermalz nicht speziell eingegangen. Es sind das die ersten Jahre der beginnenden Großkahlschlagwirtschaft mit ausschließlich künstlicher Kultur. Diese macht auf den verangerten Flächen der alten Samenschläge große Schwierigkeiten. So ist in jenen Jahren der Kulturzustand wenig befriedigend, zumal die Kulturen durch Insekten stark gelitten hatten.

In der Nähe von Malz findet Streudiebstahl statt, auch wird Streu an die Bewohner abgegeben.

Auf der alten Birkenfläche im Jagen 170 findet 1849 eine Kiefernsaat statt, da kein natürlicher Anflug vorhanden ist. Im Jagen 172 wird Kiefernsaat und Eichenpflanzung in den Jahren 1853—1856 durchgeführt.

Im großen ganzen kann man sagen, daß gegenüber 1848 im Revierzustand wenig Veränderungen zu bemerken sind.

1873/74 findet wieder eine Taxe statt, die Quadratjagen werden halbiert, so daß die Holzartenverteilung noch besser zu erkennen ist.

Karte 4

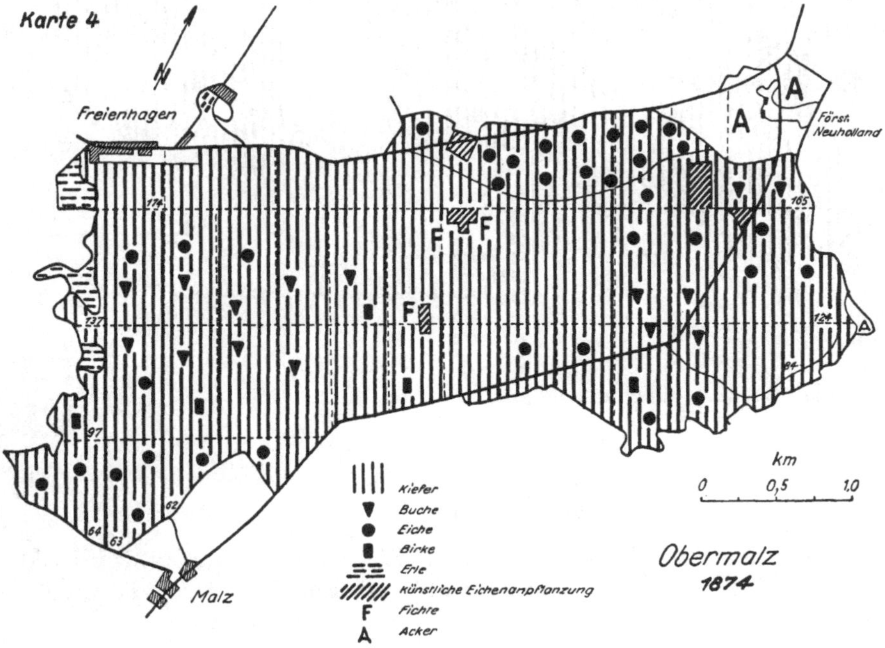

Die Kiefer wird im Obermalz zum alleinherrschenden Baum. Der Birkenanteil wird sehr reduziert, reine Birkenbestände sind nicht mehr vorhanden. Die pflegliche und vorsichtige Wirtschaft hat dazu geführt, daß die erste Altersklasse gut ausgestattet ist. Über hundertjähriges Kiefernholz finden wir in den Jagen: 90bcd, 93b, 94, 95a, 96, 97a, 126, 127, 131a, 132, 135, 136, 173. Gut steht es auch um die zweite Altersklasse, die in den Jagen 84b, 87b, 90, 96, 97, 126, 127, 132–136 zu finden ist. Von der Eiche ist außer den künstlichen Beständen nicht allzuviel vorhanden. Der Eichenunterwuchs an der Neuholländer Chaussee in den Jagen 167–169 fällt auf, sonst ist Eiche noch zu finden in den Jagen 62–64, 88, 89, 125–127, 134–136. Das Buchengebiet im Westteil des Obermalz ist klar zu erkennen, es sind das die Jagen 93–96, 132–136. Sonst kann man kleine Buchengebiete in den Jagen 86 und 87 Nord, 126 und 127 Süd feststellen sowie in 165a.

1909 tritt die Kiefer noch mehr in den Vordergrund. Das Ackerland um die ehemalige Oberförsterei Neuholland, jetzt Revierförsterei, wird mit Kiefer aufgeforstet: Jagen 165b und 166c.

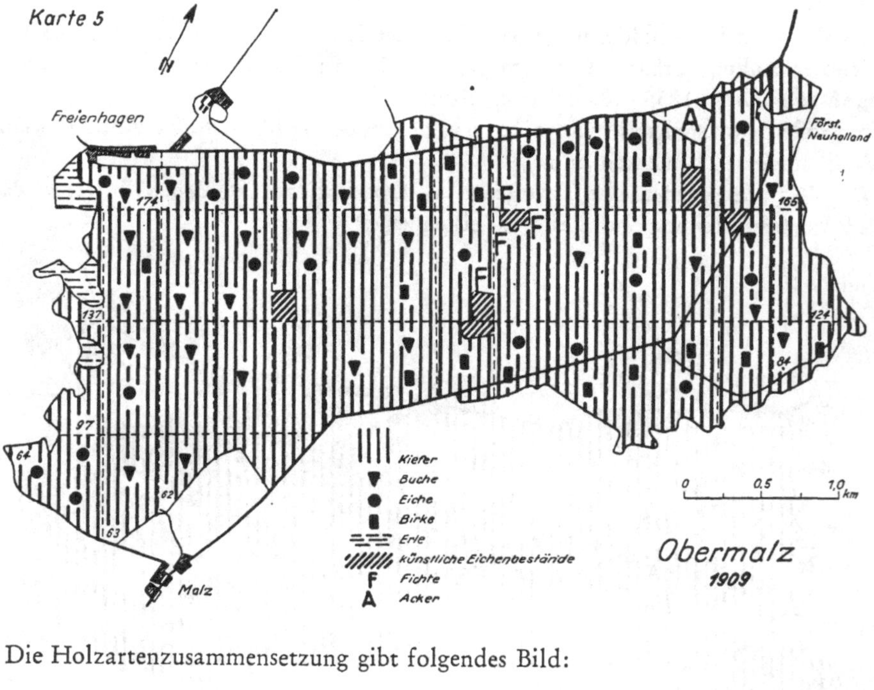

Die Holzartenzusammensetzung gibt folgendes Bild:

Kiefer	95 %
Eiche	4,2%
anderes Laubholz . .	0,3%

Bei dieser Zusammenstellung ist natürlich die Kiefer überrepräsentiert, da bei solchen Holzartenstatistiken nach der Fläche nur die Hauptholzarten, aber nicht die Mischholzarten berücksichtigt werden. Birke ist noch häufig beigemischt, so in den Jagen 84—91, 127, 131 a, 136, 167a, 170 und 171. Die Fichtenfläche ist inzwischen durch künstliche Kultur vergrößert worden, z. B. Jagen 130 b und 133 b.

Aber sonst ist Eiche anzutreffen in den Jagen 64, 86, 88, 89, 96, 125, 127, 133, 134, besonders aber an der Chaussee in den Jagen 163—167 und 172—174. Das westliche Buchengebiet ist ziemlich dezimiert, doch kann man es noch deutlich erkennen.

Soweit nicht schon alte Kiefernnaturverjüngung vorhanden war, die im Stangenholzalter steht, findet sich neue an.

Das Altersklassenverhältnis läßt sich schlecht angeben, da der damalige Taxator-Revierverwalter die Alter sehr gedrückt hat. Doch hat man den Eindruck, daß sehr viel altes Holz vorhanden war.

Die Taxe von 1927 bringt nichts wesentlich Neues, der Kiefernanteil ist wohl noch gestiegen, Buchen- und Eichenbeimischung sowie Kiefernnaturverjüngung findet sich in den schon oben angegebenen Jagen.

Vor der abschließenden Behandlung des Obermalz muß man berücksichtigen, daß seit etwa 30 Jahren das Grundwasser abgesunken ist, vorher war es stellenweise bei seinem höchsten Stand, so z. B. im Jagen 129, wie Wurzeluntersuchungen (s. u.) es ergaben, bei 1,70 m. Man muß sich also das Revier früher viel feuchter vorstellen, das zeigen auch die Gräben im Jagen 129 Nord, auch ist der Rhinsche Graben heute fast immer trocken.

Was die Entwicklung der Anteile der einzelnen Holzarten anbetrifft, kann man zusammenfassend folgendes sagen:

Der Anteil der Eiche war im ganzen Revier ein viel größerer, besonders im östlichen Teil muß die Eiche stellenweise erheblich an der Holzartenzusammensetzung beteiligt gewesen sein. Die Kiefer war aber immer und überall da, doch läßt sich ihr Anteil am Aufbau des Waldes schlecht rekonstruieren. Die Buche ist im Westteil des Reviers vorhanden gewesen, nicht in reinen Beständen, aber als Mischholz zusammen mit der Kiefer, Eiche und Birke. Die Birke ist als Pionier- und Mischholzart sehr verbreitet gewesen, zeitweilig begünstigt durch die damalige Wirtschaft. Die Linde, die pollenanalytisch seit der Eichenmischwaldzeit nachweisbar ist (s. u.), ist bei Beginn der Besiedlung der Gegend ausgerottet worden. Heute ist keine einzige Linde im Obermalz bekannt. Die Erle hat in den Senken, besonders am Rhinschen Graben, Bestände gebildet.

Im Obermalz wird also bei Beginn stärkerer Eingriffe durch den Menschen ein Kiefern-Eichen-Birkenwald geherrscht haben, der in den westlichen Teilen eine Buchenbeimischung hatte, die aber nicht sehr wesentlich gewesen sein muß. Anfang des 18. Jahrhunderts ist die Eiche immer mehr und mehr genutzt worden, es bildeten sich mehr oder weniger reine Birkenbestände oder auch lichte Kiefern-Birkenbestände, in denen schließlich nur ganz wenige Eichen vorhanden waren. Die Birkenbestände wurden Ende des 18. Jahrhunderts künstlich mit Kiefer verjüngt. Die lichten Kiefern-Birkenbestände haben durch Viehweide, später durch Streunutzung einen Kiefernanflug erhalten, der durch künstliche Nachbesserungen vervollständigt worden ist. Auch die Kiefernnaturverjüngungen aus dem Ende des 19. Jahrhunderts sind wohl zum größten Teil durch Streunutzung zu erklären, zudem war eine gewisse Bodenfeuchtigkeit für die jungen Kiefernpflanzen günstig. Die einsetzende Zeit des Kahlschlages und der künstlichen Kiefernkultur gab der Kiefer den größten Raum.

b) Der Untermalz

Der Untermalz, jetzt die Jagen 56–60, 65–74, 98–110, 138–150, 175–178, 191–193, ist gleichfalls gut natürlich abgegrenzt. Seine Westgrenze bildet der Teschendorfer Graben, im Süden grenzt er an die Gemeinde Sachsenhausen, im Osten an die Möllmerseewiesen, im Norden an die Gemeinde Nassenheide.

Die Grundwasserverhältnisse sind nicht so einheitlich wie beim Obermalz. Im Westen und Norden steht das Grundwasser etwas höher an, etwa bei 1,50 bis 1,70 m beim Höchststand. Im Süden und Südosten tiefer, ähnlich wie im Obermalz. Kleine Partien nasser Bruchstellen befinden sich im Westen.

Auf der Karte von 1769/70 ist für den Untermalz angegeben: „so aus Kiehnenholtz bestehet", nur für die Jagen 138/139, 175/176, 191–193 ist angegeben: „Gegend so aus Büchenholtz bestehet".

Diese letzte Angabe steht aber im Widerspruch mit den weiter unten dargelegten Ergebnissen der Pollenanalyse und Altersfeststellungen aus der späteren Bestandesgeschichte, so daß hier eine Beimischung der Kiefer angenommen werden muß. Auf alle Fälle macht sich aber eine Buchenbeimischung auf diesem nach Norden vorspringenden Zipfel des Untermalz noch heute bemerkbar.

Die Holzartenverteilung ist damals folgende (wieder alles Mischholz):

Eichen und Kiehnen .	62%
Eichen und Büchen .	33%
Elsslaake	5%

Gegenüber dem Obermalz zeigt sich deutlich, daß die kollektive Bezeichnung Eichen und Büchen einen größeren Anteil hat. Das ist auch in Wirklichkeit so, denn wie wir sehen werden, ist fast der ganze Untermalz stark mit Buche durchsetzt.

Interessant ist noch auf der Karte von 1769/70 die Angabe eines Sauhatzplatzes in den Jagen 72/73 Süd, der später als Eichelkamp diente, gleichfalls finden wir einen Eichelkamp im Jagen 145.

Die Morgenländersche Forstbeschreibung gibt für den Untermalz an: „Der Untermalz ... bestehet aus Eichen, Büchen, Bircken, Elsen und sehr gut Kiehnen Holtz. Eichen und Büchen stehen einige Flecke beysammen, sonst sind alle Sorten hier bis auf einige Elsen, so allein stehen, meliert. Kaufmannsgüter sind von beyden noch befindlich. Es hat auch gut Stark-, Mittel- und Klein-Bauholtz, Bohl- und Lattstämme, Stangenholtz und junger Aufschlag in ziemlicher Menge, und fehlet keine Sorte. Der Wuchs des Holtzes ist gut, und den Boden anlangend, so sind drei Theile Niederung, ein Theil hoch und etwas Elsbruch, jedoch alles sandig. Die Ablagen heißen Uhlenhorst und Apfelbaumstelle an der Havel. ... Wercke sind nicht, außer ein Theerofen, der Nassenheidsche genannt (Seilers Teerofen), dieser erhält jährlich freye Kiehnstubben. Eine Kolonie, Sachsenhausen genannt von 50 Einwohnern ist auf dem Revier."

Morgenländers Beschreibung ergänzt die Karte von 1769/70. Es sind also einige kleine Eichen-Buchenmischbestände vorhanden, vermutlich im Nordzipfel und im Westteil. Sonst ist alles gemischtes Holz, wobei die Kiefer und die Buche ihren Anteil hat.

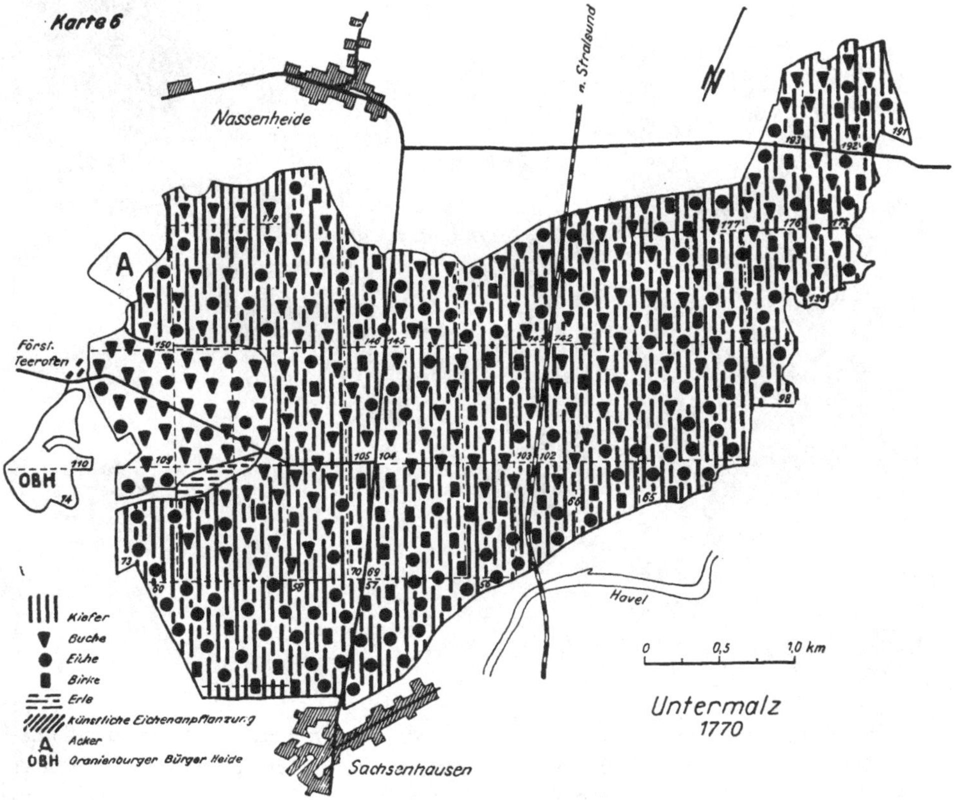

Die Karte von 1790 gibt uns besser Bescheid über die räumliche Verteilung der Holzarten. Durchwegs ist im Untermalz die Kiefer als Hauptholzart angegeben, Buche finden wir nur als Mischholz verzeichnet, so in den Jagen 65, 66, 72, 73, 99–102, 107–109, 148–150, 176, 191–193. Birke ist beigemischt in den Jagen 69 und 70. Eiche ist gar nicht verzeichnet.

Eine Kopie dieser Karte gibt auch die Holzartenzusammensetzung an, es sind 65 % Kiefer und 35 % Räumde.

Das Revier muß also damals recht mäßig bestanden gewesen sein.

Die Karte aus dem Jahre 1811 hat eine Vorläuferin in einer Karte ohne Datum und Namen, wahrscheinlich aus dem Jahre 1809, aus dem ein ähnlicher „Coupon“ vom Krummen Berg stammt, der in derselben Art angefertigt ist.

Karte 7 (1809?)

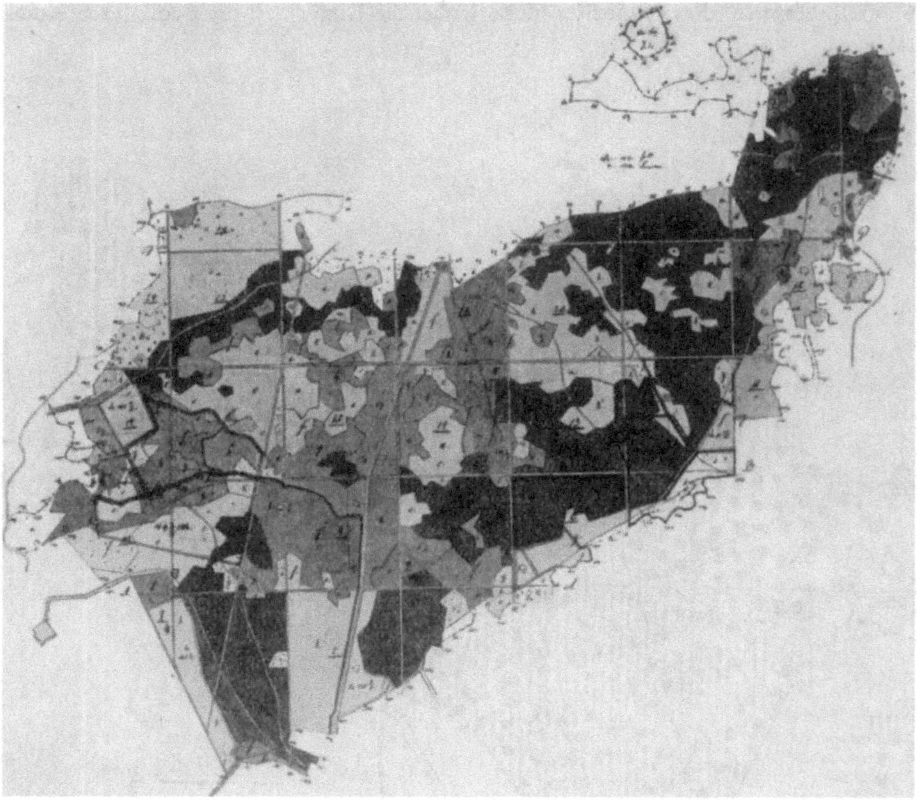

Diese Karte ist interessant, weil man auf ihr die regellose Schlagführung der damaligen Zeit erkennen kann. Von den Holzarten ist die Kiefer als Hauptholzart über den größten Teil des Reviers dominierend angegeben, und zwar unter Berücksichtigung der Altersklassen. Manche Räumde, durch kleine Bäumchen angedeutet, ist vorhanden, so in den Jagen 71, 73, 150, 178. Reine Birkenbestände sind nur ganz wenige da, so in den Jagen 109, 191 b, 193. Buche tritt auch einmal im Reinbestand auf, und zwar in den Jagen 108 Süd, 109 Süd, 72 Nordwest, 73 Nordwest. Erle findet sich in den heutigen Schlenken der Jagen 72/73. Von reiner Eiche ist nur eine Abteilung vorhanden, heute 147 c.

Die 1811 angefertigte Karte bietet nicht viel Neues, nur ist dort überall die Buche als eingestreute Holzart zu sehen, sonst sind die Laubholzflächen dieselben wie auf der vorhergehenden Karte. Es sind aber die Flächen für die einzelnen Holzarten angegeben:

Kiefer . . .	82,8 %
Buche	3,92 %
Erle	1,87 %

Eiche	0,14%
Birke	0,3 %
Meliertes Holz	0,2 %
Schonort . . .	4,24%
Blöße	6,53%

Die Kiefer ist danach die herrschende Holzart, die geringen reinen Laubholzflächen kann man aus dem Prozentsatz gut erkennen. Zur Kiefernfläche muß noch der Schonort gerechnet werden, so daß ihr Anteil noch größer wird. Wenn auch in der Tabelle die Kiefer so stark vertreten ist, so muß man berücksichtigen, daß alle Kiefernbuchenmischbestände hierunter fallen, und so die Buche in Wirklichkeit einen viel größeren Platz eingenommen hat.

Wenn man die Karten von 1819 und 1823 und das Betriebswerk von 1820 zusammenfaßt, so entsteht ein ziemlich klares Bild der damaligen Holzartenzusammensetzung.

Karte 8

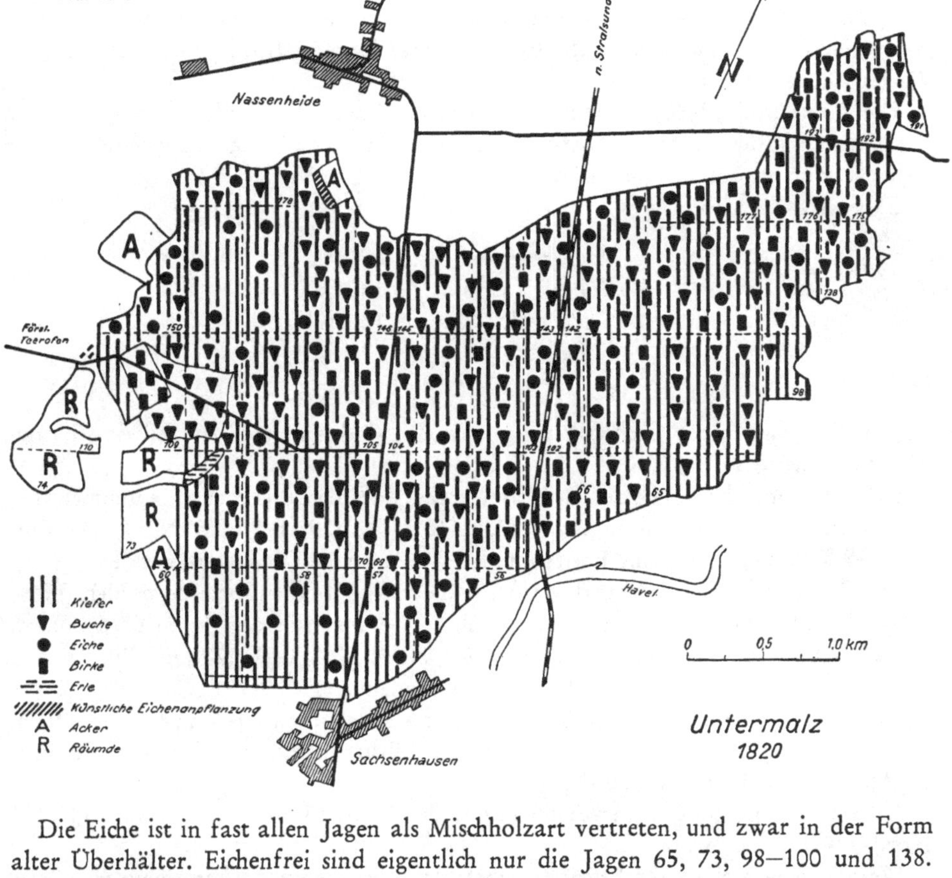

Die Eiche ist in fast allen Jagen als Mischholzart vertreten, und zwar in der Form alter Überhälter. Eichenfrei sind eigentlich nur die Jagen 65, 73, 98–100 und 138. Besonders viel Eiche ist nach den Hiebsergebnissen von 1820–1834 entnommen worden aus den Jagen 57/58, 67–70, 101–106, 139, 192/193. Die künstlich begründete Abteilung 145 c erscheint als reine Eiche. Besonders viel Eiche war damals in dem Jagen 150 cd zu finden.

Birke ist eigentlich nicht besonders viel anzutreffen, eingestreut ist sie in den Jagen: 66–72, 101–106, 138–143, 175–177, 192/193. Dazu kommt noch eine Abteilung reine Birke im Jagen 109 d.

Buche ist als Mischholzart eigentlich überall da, sie fehlt nur in den Jagen 57–60, 73, 98, 138, 148/149. Fast reine Bestände bildete sie nur in den Jagen 108 Süd und 109 abc. Besonders viel Buche ist aus den Jagen 150 ad, 192, 193 und 178 entnommen worden.

Schließlich ist als Hauptholzart die Kiefer über das ganze Revier verbreitet. Auch die Hiebsergebnisse von 1820–1834 zeigen überall eine starke Entnahme der Kiefer, die die der Laubhölzer stark übersteigt.

Räumden sind in den Jagen 73 und 110. Die Jagen 74 und 110 sind damals noch Oranienburger Bürgerheide, 150 c und 147 d Acker.

So zeigt der Revierzustand von 1820 ein allgemeines Dominieren der Kiefer, durchsetzt mit Buchen, Eichen und Birken, wahrscheinlich viel Buchenunterwuchs, dagegen nur wenig reine Laubholzbestände. Fast der ganze Untermalz erscheint damals als ein Kiefern-Buchen-Eichengebiet.

Die Karte von 1846 gibt über die Holzartenanteile Auskunft, allerdings ist der Untermalz mit dem Krummen Berg zusammengefaßt, so daß folgende Aufstellung auf beide Revierteile auszudehnen wäre.

Es sind vorhanden:

Nadelholz . . .	69 %
Hohes Laubholz .	13,6 %
Niederwald . . .	10 %
Blöße	7,4 %

Der Niederwald, das Laubholz und die Blößen sind zum größten Teil dem Krummen Berg zuzurechnen.

1848 kann man bezüglich der Holzarten sagen, daß die Eiche sehr abgenommen hat, wir finden sie noch in den Jagen 71, 73 a, 103/104, 139, 142, 143 Nord, 147 Ost, 148/149 Süd, auch die kleine Eichenabteilung 147 c ist sehr reduziert worden.

Die Buche hat auch an Areal verloren, die reinen Buchenbestände in den Jagen 108/109 sind verschwunden, sonst ist die Buche vertreten in den Jagen 67/68 Nord, 69/70, 71 Ost, 101/102 Nord, 105/106, 107/108, 139, 142–149, 177, alte Buchen sind nur in den Jagen 107 Nord und 148/149 vorhanden.

Dagegen hat sich die Birke stark ausgebreitet, sie ist zwar nirgends rein vorhanden, auch im Jagen 109 d ist sie jetzt mit Kiefer gemischt, ebenso in 72 bc mit Erle, aber als Mischholzart ist sie überall da.

Die Kiefer dominiert und erscheint rein in den Jagen 56–58, 101/102 Süd, 140/141 Nord, 146/147 Mitte.

Was das Alter der Kiefernbestände anbetrifft, so ist die erste Altersklasse gegenüber

1820 sehr zurückgegangen, wir finden sie nur in den Jagen 56, 57, 58 und 142 Süd, auch die zweite Altersklasse ist nicht besonders gut ausgestattet.

Die Massen des hauwürdigen Holzes sind gering:

Jagen	56	45	fm/ha
„	71 Ost	133	„
„	73a	94	„
„	101/102 Mitte .	119	„
„	104 SO/103 SW .	133	„
„	139a	146	„
„	141 S	119	„
„	177	77	„
„	142/143 N . . .	107	„
„	144	119	„
„	146/147 Mitte . .	100	„
„	148/149 Mitte . .	139	„

Um diese Zeit muß der Revierzustand kein befriedigender gewesen sein, die Bestände waren räumig und licht, viel Masse war nicht darauf. Die Laubholzentnahme hat große Lücken gerissen, dort breitete sich die Birke aus. Die Eiche war sehr ausgehauen und der Anteil der Buche ziemlich zurückgedrängt.

Die Taxationsrevision von 1857/58 klagt, wie schon ausgeführt wurde, über den schlechten Kulturzustand im Revier. In den Jagen 140/141 Nord ist nach einem Samenschlag und vielen Nachbesserungen eine Streifensaat ausgeführt worden. Jagen 150 ist als alter Kiefernbestand erwähnt, 101/102 Mitte als Kiefernbestand mit jungen Buchen und Birken, 142/143 Nord Kiefer mit wenig Eiche und Buche.

1874 ist das Revier noch laubholzärmer geworden.

Eiche finden wir in den Jagen 71a, 138b, 139b, 148b, 178 beigemischt. Jagen 110b, das aus der Oranienburger Bürgerheide als Blöße übernommen worden ist, ist jetzt mit Eiche aufgeforstet. Birke ist eigentlich nur im Jagen 109d vertreten, mit Kiefern und alten Buchen gemischt. Alte Buche ist noch vorhanden in den Jagen: 72a, 108a, 191–193. Sonst findet sich die Buche im ganzen Westteil des Reviers, meist als Unterwuchs, es sind das besonders die Jagen 69–71, 101–108, 142–149.

Dann ist die Buche noch im alten Buchengebiet im Nordosten vertreten, in den Jagen 138 und 139.

Die Kiefer ist sehr viel im Reinbestand vorhanden und zeigt an einigen Stellen Naturverjüngung, so in den Jagen 69, 103, 143a. Erle finden wir nur in den Jagen 72c und 109a.

Das Altersklassenverhältnis hat sich gebessert. Der I. Altersklasse gehören an die Jagen: 69, 70, 71a und 103b.

So kann man im Untermalz 1874 eine Besserung des Revierzustandes erkennen, wobei aber das Laubholz noch mehr zurückgedrängt worden ist.

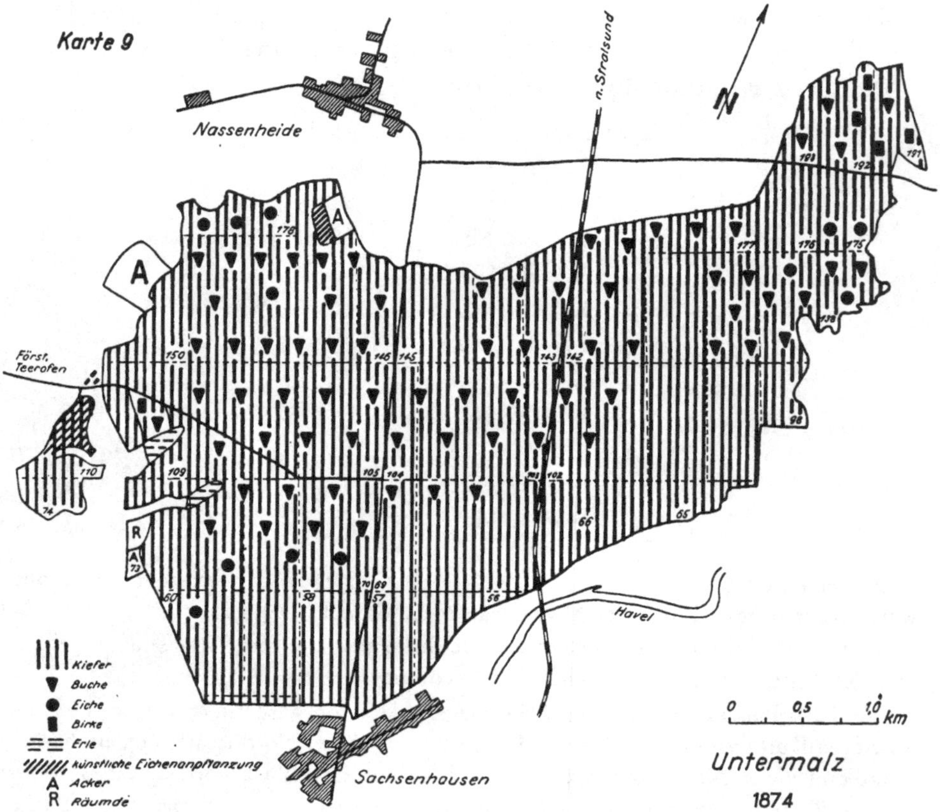

1909 ist für die heutige Revierförsterei Sachsenhausen, die, wie oben dargelegt, nicht den ganzen Untermalz umfaßt, folgende Holzartenzusammensetzung gegeben:

Kiefer	94 %
Eiche	4,5 %
Laubholz . . .	1,5 %
(Buche	0,06 %)

Auch in diesem Fall ist das Nadelholz überbewertet. Die Buche hat sich durch natürlichen Unterbau ihren Platz im Untermalz wiedererobert. Buchenfrei sind die Jagen 73 c, 74 d, 109 c, 110 b, 175 b. Natürlich eingesprengt ist sie in den Jagen: 65, 66, 69, 100–102, 104, 141–143, 145, 147, 191, 192.

Die Kiefer bildet die Hauptholzart im Untermalz, auch hier finden wir einige Jagen, in denen Naturverjüngung vorhanden ist: 59, 67, 70, 71, 99, 102, 104, 139, 142 S, 143 a, 175.

So kann man für das Jahr 1909 sagen, daß die Buche, dank ihrer Naturverjüngungsfreudigkeit wenigstens als Unterholz fast ihren alten Platz wiedererobert hat. Von der Eiche und Birke ist nur noch wenig vorhanden. Jetzt sind auch die alten Räumden

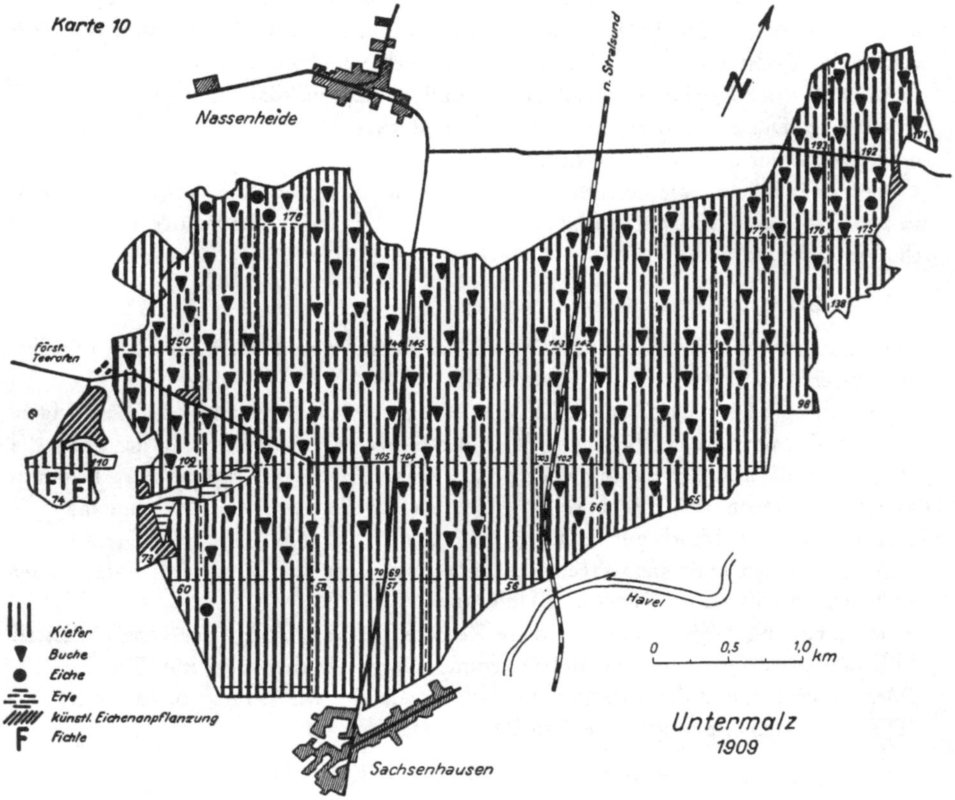

74b und 110a voll in Bestockung, und die Äcker 147d und 150c sind mit Kiefer aufgeforstet.

Das Betriebswerk von 1927 gibt für den Nord-, aber besonders für den Westteil einen größeren Anteil der Buche an, während im Süd- und Südostteil Kiefernnaturverjüngung anzutreffen ist (s. Karte 24).

Auch heute sind die Althölzer des West- und Nordteils Kiefernbuchenmischbestände, während im Süd- und Südostteil die Kiefer absolut vorherrscht.

Die Holzartenentwicklung für den Untermalz kann man dahingehend zusammenfassen:

Die etwas höher gelegenen Süd- und Südostteile haben ursprünglich einen Kiefern-Eichenwald getragen mit Beimischung der Birke. Auch in den übrigen Teilen hat die Kiefer einen starken Anteil gehabt, jedoch waren hier die Eiche und besonders die Buche stark vertreten. Es findet sich also hier ein grundwassernaher Kiefern-Buchen-Eichenwald, wobei anzunehmen ist, daß die Kiefer stellenweise den übrigen Holzarten nur beigemischt war, so vor allem im Nordostteil des Reviers. In den niederen Teilen im Westen ist die Eiche stärker vertreten gewesen, aber auch die Buche. Die ganz grundwassernahen Stellen haben einen Erlenwald getragen.

Die Entwicklung im Untermalz verlief dahin, daß vor allem die Eiche sehr stark dezimiert wurde, so daß 1848 nur wenig Eiche vorhanden war. Die Bestände mit Vorwiegen der Buche und Eiche sind auch allmählich verschwunden, doch hat sich die Buche dank ihrer Konkurrenzkraft fast überall behaupten können, wo sie von Natur aus da war. Die Birke tritt aber nur infolge starker Nutzung mehr in Erscheinung, sonst war sie nur als Mischholz vorhanden.

Die Kiefer hat nur die höheren Stellen im Süden und Südosten absolut beherrscht, war aber im ganzen Revier vorhanden, nur ist ihr Anteil im Laufe der Entwicklung sehr verstärkt worden.

c) Der Krumme Berg und der Papenstieg

Der kleinste, aber interessanteste Waldteil ist der Krumme Berg, der sich nördlich von Nassenheide wie eine Halbinsel erstreckt.

Eigentlich sind es zwei Revierteile: der Papenstieg = Pfarrerstieg nach dem Pfarrweg nach Germendorf, da Nassenheide zu dieser Pfarre gehörte, es sind das heute die Jagen 205—209 und der Krumme Berg, nach einer Düne der Krumme Berg benannt, das sind die Jagen 194—198 und 199—204. Da das Revier klein ist, kann man die Holzartenangaben örtlich gut festlegen.

Im allgemeinen kann man sagen, daß, abgesehen von der Düne, das Grundwasser hier höher ansteht als im Ober- und Untermalz.

Die Karte von 1769/70 gibt für diese Reviere an: Papenstieg: der ganze Westteil „Elßlaake", der Ostrand „Büchen"; Krummer Berg: „Büchenholtz mit Elßlaake".

Der Papenstieg und der Krumme Berg ist damals in kleine Schmalschläge geteilt.

Die Holzartenanteile gibt die Tabelle gut wieder:

Papenstieg:	Eichen und Büchen	71 %
	Elßlaake . . .	29 %
Krummer Berg:	Eichen und Büchen	85 %
	Elßlaake . . .	15 %

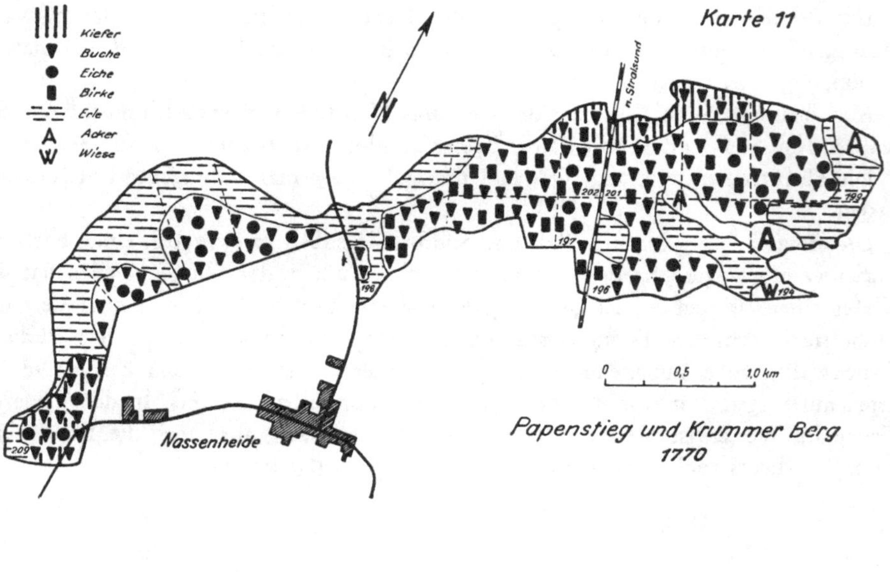

Karte 11

Papenstieg und Krummer Berg 1770

Der Papenstieg und der Krumme Berg waren also damals vorwiegend mit Buche und Eiche bestanden, und zwar sind das die Jagen 196–198, 199b, 200–202, 203a, 205e, 206a, 207a, 208a, 209be. Alles übrige waren Erlenbrücher.

Morgenländer gibt 1780 an: „Die Reviere (der Krumme Berg und der Papenstieg) haben alles mit dem Untermalz gemein, als Wuchs, Boden, Holzarten usw." Hier irrt Morgenländer offensichtlich, denn der Untermalz unterscheidet sich recht stark vom Krummen Berg, besonders aber vom Papenstieg.

Von 1790 an geht der Papenstieg und der Krumme Berg unter dem einheitlichen Namen Krummer Berg. Er ist in 70 Schmalschläge geteilt. Die Buche beherrscht das ganze Revier, es sind das die obengenannten Jagen. Doch finden wir auch Eiche, besonders in den Jagen 194b und 199b. Die Birke ist namentlich in den Jagen 196–198, 201a, 202a und 203 eingestreut. Kiefer finden wir als Mischholz in den Jagen 200b, 201, 202. Die Erle nimmt die Brücher ein.

Zu beachten ist, daß damals die Jagen 195d und 201b Äcker waren, andererseits der Wald südlich des Papenstiegs weite Strecken heutigen Ackers umfaßte, hier namentlich Eichen stockten, und nördlich und westlich vom Papenstieg sich die Hoppenrader Heide erstreckte, die später vollständig gerodet wurde.

Das Register von 1790 gibt an:

Buchen . . .	54%
Räumde . . .	46%

Von der Ausräumung sind in erster Linie die Erlen, in zweiter Linie die Eichen betroffen worden.

Ein „Coupon" aus dem Jahre 1809 zeigt die weitere Dezimierung der Buchen, die Bestände werden als räumig dargestellt, wobei sich die Birke einstellt. Auf dem Krummen Berg selbst ist die Buche nicht so stark zurückgedrängt, doch hebt sich an der alten Grüneberger Poststraße ein Mischbestand von Kiefern und Birken heraus.

1811 sind die Buchenbestände noch weiter zurückgedrängt, wir finden Buche nur noch in den Jagen 199b Nord, 200 Nord, 210 Mitte, 205c, 208a, 209e, die früheren Buchenbestände sind Räumden oder mit Birke bestanden. Birke finden wir in den Jagen 197/198, 203/204 sowie 196a Süd, 199b Süd- und Ostteil.

Die Kiefernbestände werden größer, sie sind in den Jagen 201a und 202a anzutreffen. Die Erle erscheint in den obengenannten Brüchern.

In der Holzartentabelle kommt der damalige Revierzustand gut zum Ausdruck:

Erle	20,4%
Birke	10,4%
Buche	9,5%
Kiefer	7,5%
Meliertes Holz . .	4,6%
Eiche	0,1%
Schonort	18,5%
Blöße	29,0%

Der große Anteil der Blößen, den Schonort wird man auch dazu rechnen müssen, zeigt, daß das Revier damals sehr ausgehauen war, die Buche ist zurückgedrängt, auch die Eiche, und die die Blößen und Räumden besiedelnde Birke hat sich ausgebreitet.

Die Karten von 1819 und 1823 und das Betriebswerk von 1820 zeigen die Weiterentwicklung.

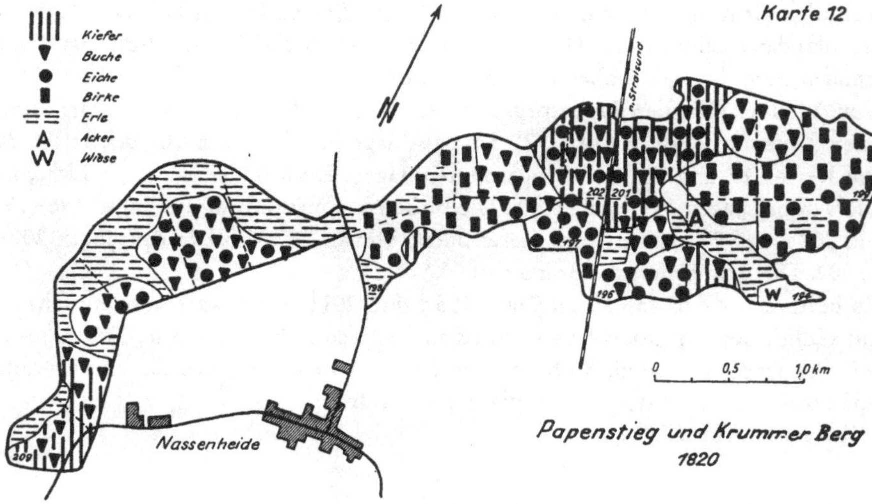

Neben der Buche sind auch die Eiche und Birke in alten Exemplaren vertreten. Im Jagen 209 b und e sogar die Kiefer, hier wurden 1820–1834 ungefähr 1300 fm Kiefer entnommen. Aus dem Jagen 205 a werden im selben Zeitraum 40 fm Eiche und 260 fm Buche, aus 206 und 207 (soweit es nicht Erlenschlenken waren) 52 fm Eiche und 260 fm Buche und aus 208/209 aus der obenerwähnten Kiefer 230 fm Buche und 230 fm Eiche. So hatte der Papenstieg 1820 zwar nicht besonders viel, aber doch einiges Buchen-, Eichen- und Kiefernholz.

Im eigentlichen Krummen Berg ist die Buche als Reinbestand nur in den Jagen 199 b Nord und 200 b Ost vertreten, sonst mit Eiche, Birke oder Kiefer gemischt in den Jagen 200 b West, 201, 202, 203 abc, 196 ab, 197 b Ost. Eiche findet sich außer in den obengenannten Jagen auch in den Jagen 194 b und 197 b West, hier fast rein.

Die Birke beherrscht weite Strecken, mit Erle gemischt in den Jagen 199 c, 203 d, 204, mit Buche und Eiche 194 b, 197, 198 a, 199 b Süd, 195 ac, 200 a.

Die Kiefer ist niemals im Reinbestand vertreten, sondern immer mit Buche, Eiche oder Birke gemischt in den Jagen 195 ac, 196, 201 ad, 202.

Der Revierzustand von 1848 ist wenig erfreulich, klar treten die Blößen in den Jagen 206–209 zutage, ebenso in 203. Doch fast überall kann man noch die natürliche Bestockung erkennen.

Die Buche ist auf den Räumden in 206 und 207 noch vorhanden, dominierend erscheint sie noch in den Jagen 197 c West, 199 b West, 200 b Ost und 205 c, sie ist als Mischholz aber in den Jagen 196/197, 200, 201–203 überall da, zum Teil in recht alten Exemplaren. Die Eiche finden wir als Überhälter in fast allen Jagen des eigentlichen Krummen Bergs, besonders in 197 c Ost.

Die Birke ist stark vertreten, so auf den Räumden, oder gemischt mit Erle, Buche oder Kiefer.

Die Kiefer hat ihr Hauptverbreitungsgebiet in den Jagen 196 und 200—203. Alte Kiefern, über 100 Jahre alt, sind in den Jagen 198 und 200b vorhanden.

Im großen ganzen kann man sagen, daß 1848 trotz des schlechten Revierzustandes die ursprünglichen Holzarten sich z. T. haben behaupten können, daß aber die Kiefer durch künstliche Kultur im Vordringen begriffen ist.

Die Massen, die damals hier stockten, sind gering:

Jagen	197c Ost	35 fm/ha
„	197c West	86 „
„	198a	86 „
„	199b Ost	45 „
„	199/200 Nord	66 „
„	199b West	107 „
„	200b Ost	119 „
„	201d	125 „
„	203a	94 „
„	205c	45 „

In den folgenden Jahren versucht man die Blößen des Papenstiegs aufzuforsten, jedoch mit wenig Erfolg. Andere Blößen und Räumden auf dem Krummen Berg sind zum Teil mit Fichten, Eichen, Erlen und Birken aufgeforstet worden. So erscheint 1858 die Fichte zum erstenmal in diesem Revier. Im Jahre 1856 kommt auch der Acker im Jagen 195d—201b zur Forst und wird mit Kiefern bepflanzt. 197a wird mit Fichte und Eiche aufgeforstet, auf 197c Ost, das lange Zeit als Blöße lag, die mit einigen Buchen, Birken und Eichen bestanden war, wird teilweise Kiefer angebaut.

1874 sind die Reste der ehemaligen Bestockung noch gut zu erkennen.

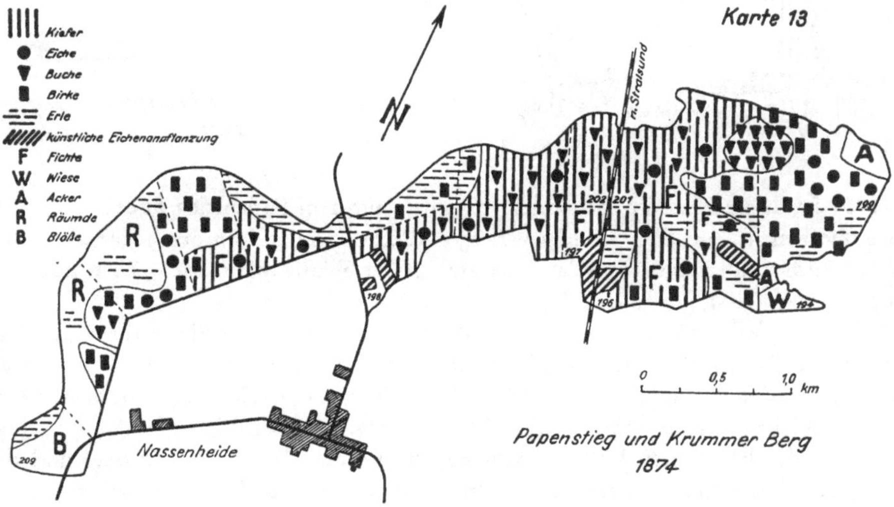

Karte 13

Papenstieg und Krummer Berg 1874

Alte Buchen finden wir noch in den Jagen 208 Ost, 197, 198, 199b, 205c West, 200b, 203b. Eingemischt ist die Buche in den Jagen 200—203 verbreitet. Alte Eichen sind fast überall vorhanden, jetzt kommen noch die künstlichen Neuanbauten der Eiche hinzu, z. B. in den Jagen 195a Nord, 196b, 197a, 198b und e. Mit Birke hat man viele alte Räumden aufgeforstet, so auf dem Papenstieg, sonst ist aber die Birke im Bestand in den Jagen 194, 199, 200a und 204 vertreten, gemischt mit Eiche, Kiefer und Fichte.

Die Kiefernfläche hat immer mehr an Ausdehnung gewonnen, man trifft jetzt hier jüngere Kiefernbestände, aber auch Althölzer sind vertreten, so in den Jagen 198a, 200b, 201d, 202a, 203b. Das ist der alte Kiefernkomplex im Nordteil des Krummen Berges. Die Fichte wird immer mehr und mehr angebaut, besonders finden wir sie in den Jagen 196a, 201a, 206a Süd.

Die Erle ist auch verbreitet, aber meist mit Birke gemischt. Auch sind noch zahlreiche Räumden vorhanden, locker mit Birke und Erle bestanden. 1874 ist das ganze Jagen 209 sowie 205 d, 207 b c und 208 a c d Räumde.

Man hat 1874 aus dem Krummen Berg den Eindruck, daß sich allmählich ein Bestockungswechsel vollzieht.

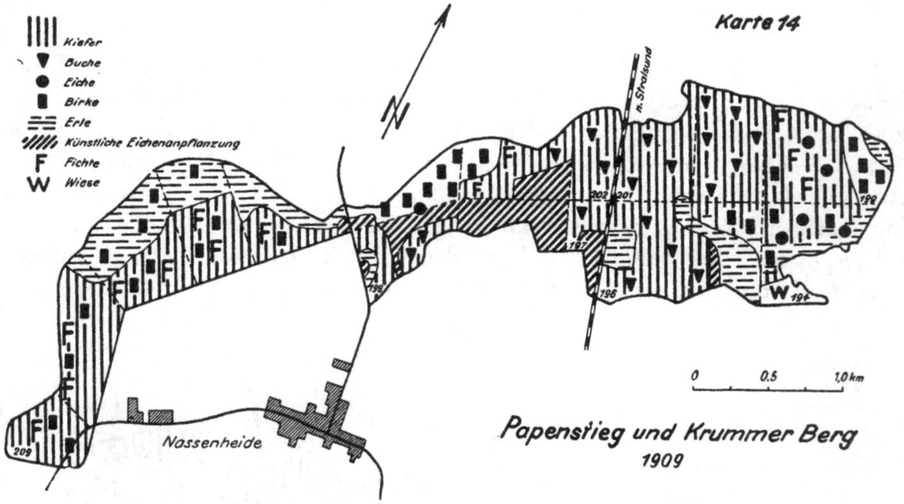

Papenstieg und Krummer Berg 1909

1909 ist dieser Bestockungswechsel vollendet, auf dem Papenstieg findet man keine alte Buche mehr. Auf dem Krummen Berg Altbuchen nur noch in den Jagen 197 c und 203a. Buchenunterwuchs ist allerdings auf großer Fläche vorhanden. Alteichen sind nur noch wenige da, so in den Jagen 194b, 199b und 204c.

Besonders fallen die künstlichen Eichenkulturen auf sowie die Eichenalleen auf dem Papenstieg. Die Birke ist infolge pfleglicher Wirtschaft weiter zurückgedrängt, vorwiegend Birke sind die Jagen 194b und f, 195b, 199c, 203d, 204a und 206b, meist ist aber die Birke mit Erle, Fichte oder Eiche gemischt.

Die Kiefer hat weiten Raum gewonnen, der größte Teil des Papenstiegs und des Krummen Berges besteht jetzt aus Kiefer, der immer wieder Fichte zugegeben wurde.

Die Räumden sind verschwunden und haben Kiefern- oder Fichtenbeständen Platz gemacht.

Zusammenfassend kann man von der Holzartenentwicklung auf dem Krummen Berg folgendes sagen:

Während die Düne im Norden des Reviers schon immer einen Kiefernwald getragen hat, sind die höheren Stellen der Niederung von einem Buchen-Eichenwald besiedelt gewesen, die Brücher haben als Hauptholzart die Erle getragen.

Der grundwassernahe Buchenwald mußte im Laufe der Entwicklung nach Perioden von Räumde und Blöße einem künstlichen Kiefern-, Fichten- oder Eichenwald weichen, doch hat sich die Buche als Unterwuchs bis in die heutige Zeit stellenweise halten können. Der Kiefernanteil ist immer mehr und mehr ausgedehnt worden, während die Birke nach einem Maximum auf den Räumden in inzwischen trockener gewordene Erlenbrücher eingebracht worden ist.

d) Der Sarnow

Ein gut abgegrenztes historisches Revier ist der Sarnow, er ist identisch mit der heutigen Revierförsterei Teerofen und umfaßt die Jagen 111–117, 151–159, 179–185.

Im Westen bildet der Teschendorfer Graben die Grenze, im Süden der Ruppiner Kanal, im Norden grenzt dieser Waldteil an die Gemeinde Hohenbruch.

Außer in den Bruchgegenden bewegt sich der Grundwasserstand um 1,50 m.

Der Ruppiner Kanal, der 1786 gebaut wurde, hat seinen Vorläufer in dem sog. Floßgraben, der denselben Verlauf hatte wie der heutige Kanal. Dieser Floßgraben löste ein Flüßchen, die sog. Malsow ab, die aus dem Kremmener See kam. Die Malsow löste sich im Südteil des Sarnow, in der sog. Gänselaake, in zahlreiche Arme auf, von denen ein Teil durch die Jagen 77–75 nach Süden zog und die sog. Muhre, den heutigen Muhrgraben bildete. Ein Teil der Arme zog durch die Jagen 111–115 nach Westen und bildete die sog. Dosse. Diese alten Flüßchen kann man heute noch erkennen.

Auch der Teschendorfer Graben bildet nur eine künstliche Abkürzung eines Baches, dessen alter Verlauf heute noch in den Jagen 151, 152 und 179 ersichtlich ist.

Im ausgedehnten Sumpfgebiet im Südteil des Reviers befinden sich erhöhte Stellen, Horste genannt, von denen die Evenhorste in den Jagen 113 und 114 bemerkenswert sind, aus ihrem Namen kann man auf ein Vorkommen der Eibe (Eve) oder Weide (slw. Iwa) schließen.

Die Holzartenentwicklung im Sarnow ist nicht besonders schwierig zu verfolgen.

Es sind von vornherein die Erlenbrücher auszuscheiden, die bis heute mit Erle bestockt sind, das sind die Jagen 112c, 113abd, 114ac, 115ab, 116a, die sog. Gänselaake, und die Jagen 179d, 180bc, 181bc, 182a, 183c, die sog. Kesseldammlaake, sowie die Jagen 159a und 185b, die sog. Modderlaake.

Auf der Karte von 1769/70 ist der ganze Südteil des Reviers, soweit es nicht Elßlaaken sind, als mit „Büchen" bestanden angegeben, auch der ganze Ostteil, das sind die Jagen 111, 151, 152–179 Süd, trägt die Bezeichnung. Die ganze mittlere Partie, das sind die Jagen 152–159, 181–185, ist als „Gegend so mit Kiefern bestanden" bezeichnet.

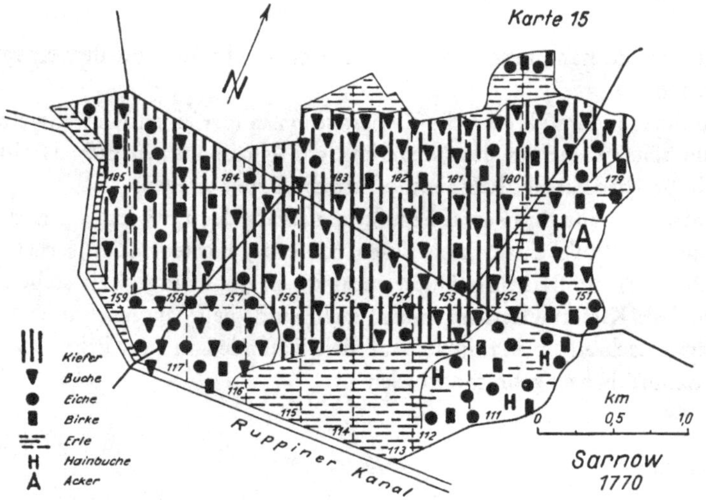

Die Holzartenzusammenstellung gibt auch hier etwas genauere Auskunft. Alles ist gemischtes Holz:

Eichen und Büchen . .	36%
Eichen und Kiefern . .	42%
Elßlaaken	22%

Morgenländer schreibt 1780 vom Sarnow: „Die Holzarten bestehen aus Eichen, Büchen, Elsen und wenigen Bircken, aber gut Kiehnen-Holtz. Ein Drittel dieses Reviers besteht aus Eichen und Büchen und stehet beysammen, wie auch eine Elßlaake, zwei Drittel bestehen aus Kiefern, worunter einzelne Eichen, Bircken und Büchen meliert. Unter den Eichen sind noch einige Kaufmannsgüter, mittel und klein Bauholtz ist viel, wie auch Bohl- und Lattstämme und junger Aufschlag genug, stark Bauholtz aber fehlet. Der Wuchs des Holtzes ist sehr gut, den Boden betreffend, so ist ein Drittel Niederung, zwei Drittel hoch und ein klein Elßlaake, jedoch alles sandig."

Dann ist das Kartenmaterial spärlich. Es liegt eine Karte ohne Datum und Verfasser, wahrscheinlich um 1817 entstanden, vor, die, schlecht erhalten, nur wenig Auskunft gibt. Erle ist deutlich erkennbar, Kiefer mit grauer Farbe angelegt, sonst sind keine Holzarten weiter zu bemerken.

Danach muß die Kiefer in den Jagen 112d, 113c, 114b, 115cde, 116, 117, 151a West, 180a, 181a, 182a, 183ab, 185a vorhanden gewesen sein. Besonders dunkel ist die Kiefernsignatur in den Jagen 155, 156, es mögen hier wohl Althölzer gestanden haben.

Die Karte von 1819 und die Taxe von 1820 geben ein genaueres Bild.

Außer den immer gleichbleibenden Erlenbrüchern ist die Kiefer weit verbreitet, so

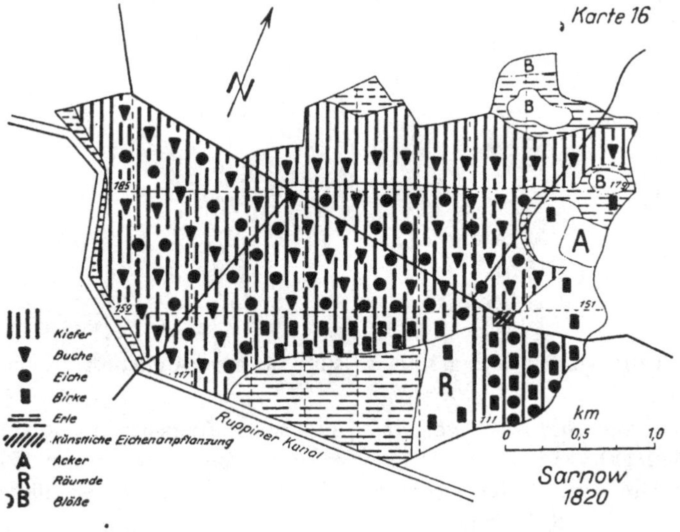

im Jagen 111, in den Nordteilen der Jagen 112–115, in den Jagen 116–117, 152–159, 179 a, zum Teil in den Südteilen der Jagen 180–183 sowie 184–185. Während in den Abteilungen nördlich der Gänselaake hier die Birke beigemischt ist, scheint in den anderen Kiefernjagen die Buche eine Rolle zu spielen. Kiefern der I. Altersklasse finden wir in den Jagen 112 d, 113 c, 114 b, 115 cde, 116 b, 117 d.

Reine oder fast reine Birke ist nur in den Jagen 151 a und 151 c anzutreffen, wobei 151 b damals Acker war. Sonst finden wir Birke im Jagen 111 b Nord. Blößen waren vorhanden in 179 a Süd, 179 c/180 c, zum Teil in 179 b und 180 d. 112 a b c lag damals als Räumde, die mit einzelnen Birken bewachsen war. Eiche war im Revier wenig vorhanden, z. B. in 111 und 117.

1848 ist das Bild bezüglich der Kiefern-Buchenmischbestände viel klarer, es ist das der ganze mittlere Teil des Sarnow, wobei jetzt auch das Jagen 151 a fast ganz als Kiefern-Buchenmischbestand erscheint. Birke finden wir vorwiegend auf den alten Blößen, so in den Jagen 179 c und 180 c, ebenso sind die Räumden in den nördlichen Teilen dieser Jagen mit Birken und Erlen lose bestanden. Als Mischholz ist aber die Birke im ganzen Revier verbreitet. Die Eiche tritt als Mischholz in den Jagen 111 a, 151 a, 152 auf. In 111 a ist im Nordteil eine künstliche Eichenanpflanzung wie auch im Jagen 117 d angelegt worden.

Die Räumden haben sich vergrößert, es sind damals 112 abc, 113 ab und 179 a Räumden oder Blößen.

Das Betriebswerk hebt besonders den kräftigen Buchenunterwuchs in den Jagen 151 bis 159 und 181 bis 183 hervor. Dieser Buchenunterwuchs ist allerdings zum Teil aus Stockausschlägen entstanden.

Im Jahre 1848 sind Bestände der I. Altersklasse im Sarnow gar nicht vorhanden. Der II. Altersklasse gehören an: die Nordteile der Jagen 112/113, 114/115, 116 c, 159 a sowie die Südteile der Jagen 181/182.

Die Massen sind damals auch nicht hoch:

112/113 Nordrand . .	139 fm/ha
114/115 Nordteil . . .	139 „
116a	146 „
153 und 154	146 „
158	119 „
159	79 „
181a und 182a . . .	107 „
183a	119 „
184 SO	113 „

Wenn auch die Massen gering sind, so sind sie durchschnittlich größer als in den anderen Revieren.

Das Taxationsrevisionswerk von 1858 gibt einige Angaben. So ist am Nordrand von Jagen 112/113 1855 eine Kiefernsaat erfolgt, die gut steht. Jagen 151b wird als eingetauschte Blöße mit Kiefer aufgeforstet, in 159 ist die Kiefer sehr lückenhaft, Kiefernsaat erfolgt hier 1851–1854.

Holzartenverteilung 1858:

Nadelholz	57%
Blößen	28%
Niederwald . . .	14%
Hohes Laubholz . .	1%

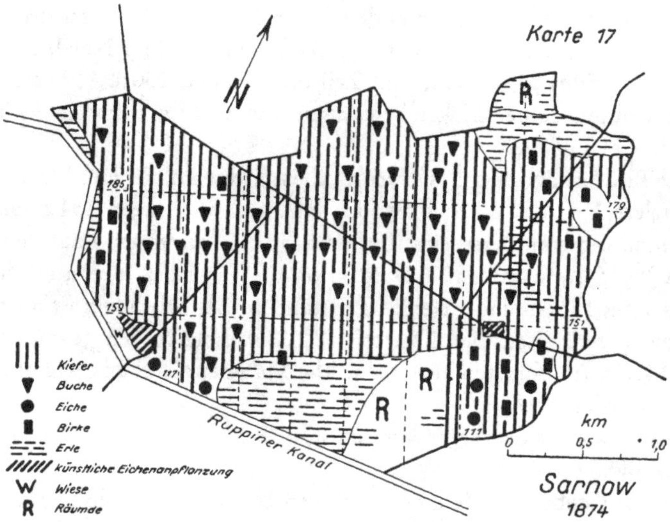

Bezüglich der Holzartenverteilung kann man 1874 sagen, daß recht wenig Veränderung erfolgt ist. Im Mittelteil des Reviers dominieren die Kiefern-Buchenmischbestände. Die Blößen im Jagen 179 sind in Birkenbestände überführt, zum Teil sind sie noch mit Erlen bestandene Räumden wie in 179b und 180d. Die Birke herrscht in den Jagen 111b und 115c. Räumden, locker mit Kiefer und Erle bestanden, sind die Jagen 112abc und 113ab. Eiche trifft man nur noch in Form künstlicher Eichenbestände in 111a Nord und 117d.

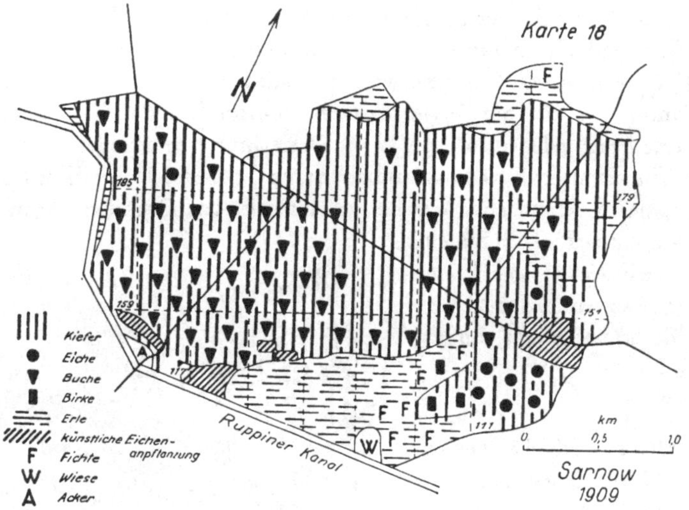

Auch 1909 ist das Bild fast das gleiche geblieben. Der größte Teil des Sarnow wird von Kiefern-Buchenmischbeständen gebildet. Die Kiefer hat noch an Platz gewonnen, so in 151 und 179. Birke ist nur wenig als Mischholz vertreten, rein nur im Jagen 112c. Die Räumden in 112 und 113 sind teils mit Kiefer, teils mit Fichten und Birken, teils mit Erlen und Fichten aufgeforstet worden. Von Natur aus erscheint jetzt die Eiche etwas stärker, so in den Jagen 111/112, 184 und 185. Künstlich ist sie besonders in den Jagen 111b, 115d, 116b, 117ad vertreten. Fichte finden wir noch in 113 Süd und 179b.

Was das heutige Bild anbetrifft, so sind die Kiefern-Buchenmischbestände sehr zurückgedrängt worden und haben reinen Kiefernbeständen Platz gemacht, in die sich allerdings die Buche durch Hähersaat einfindet. Sonst ist aber bezüglich der Holzartenverteilung 1909 gegenüber wenig Änderung eingetreten.

Was die natürliche Holzartenzusammensetzung im Sarnow anbetrifft, so kann man sagen, daß alle höheren Lagen einen Kiefern-Buchen-Eichenwald getragen haben, einzelne Übergangsstellen einen Eichen-Hainbuchenwald, der aber archivalisch nicht nachweisbar ist, als Waldgesellschaft gehabt haben, und in allen Brüchern die Erle die herrschende Holzart war.

Die Entwicklung der letzten 250 Jahre zeigt, daß sich die Kiefern-Buchenmischbestände haben behaupten können, auf den Übergangsböden lange Zeit Räumden und Blößen vorhanden waren und die Erlenwälder in ihrem Umfang nur stellenweise etwas zurückgedrängt worden sind.

e) Das Hohe Bruch

Historisch umfaßt das Hohenbruchsche Revier die heutige Revierförsterei Behrendsbrück, das sind die Jagen 61, 75–83, 118–123, 160–164 und 186–190 des Forstamts Sachsenhausen und die Revierförsterei Döhringsbrück, das sind 169–191 des Forstamts Kremmen.

Im Süden grenzt das Revier an die Schwanter Forst und die Äcker und Wiesen der Gemeinde Germendorf, im Norden an den Ruppiner Kanal und im Westen an die Stadtforst Kremmen, wo die Grenze etwa 5 km östlich an die Stadt Kremmen herangeht.

Da die Unterlagen für die Revierförsterei Döhringsbrück nicht lückenlos sind, ist dieser Revierteil nur gelegentlich mit in die Betrachtung einbezogen worden.

Was die Grundwasserverhältnisse anbetrifft, so ist dieser Waldteil mit der nasseste. Weite Bruchpartien durchziehen das Revier, sonst ist das Grundwasser meist bei 1 m Höchststand anzutreffen. Im Süden in den Jagen 61, 79–83 schafft ein Dünenzug ganz andere Verhältnisse, die aber, wie schon gesagt, außer Betrachtung bleiben.

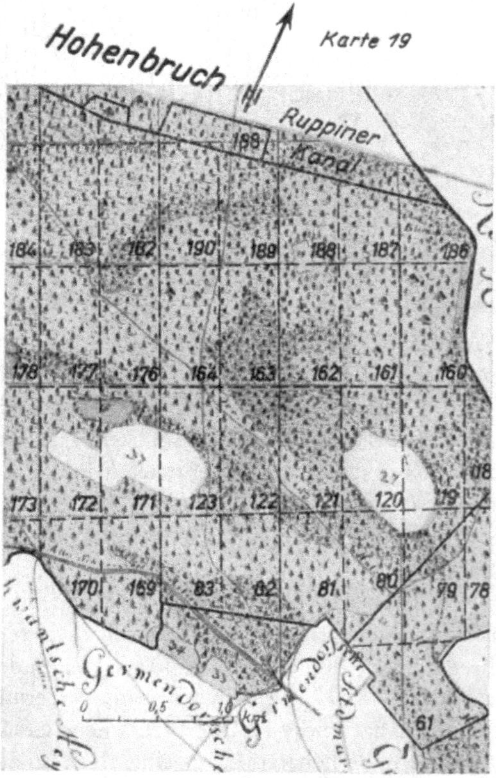

Ausschnitt aus der Originalkarte v. 1768 vom Hohenbruch.

Für das Hohenbruchsche Revier liegt die beste ältere Forstkarte vor aus dem Jahre 1768, die in einem Ausschnitt wiedergegeben ist.

Auf dieser Karte sind Holzartensignaturen eingetragen. Deutlich kann man Nadelholz erkennen. Es sind das einmal die schon erwähnten Dünenteile, dazu die Jagen 77 cdef, 78, 122a Nord und Süd, 123a, 123b Nord, 162c Nord und 188a.

Teile der Jagen 75–77 sowie alle anderen Senken, z. B. 118–123, 162–163, trugen Erlenwald, während in den Jagen 119e, 120a, 160, 161, 164, 187–190 ein Laubwald, wahrscheinlich in erster Linie aus Birke, dann aus Eiche zusammengesetzt, vertreten war.

So ist folgende Gliederung für das Jahr 1768 wahrscheinlich: alle höheren Stellen waren mit Kiefer bestockt, mittlere Lagen mit Birke und Eiche, die tiefsten Lagen mit Erle.

Für 1768 ist noch zu bemerken, daß in den Jagen 80 und 123 Äcker waren, in 162

Nord und 188 Süd auch ein Acker, der heute eine Eichenabteilung darstellt, bei der noch heute die Grenzwälle zu sehen sind. Die sog. Steinbruchwiese (Jagen 119/120) reichte weiter nach Süden bis in die Jagen 79 und 80. Große Waldstücke gehörten damals zum Revier, die nach und nach abgetreten wurden, so südlich der Jagen 61, 75 bis 78 und 81 bis 83.

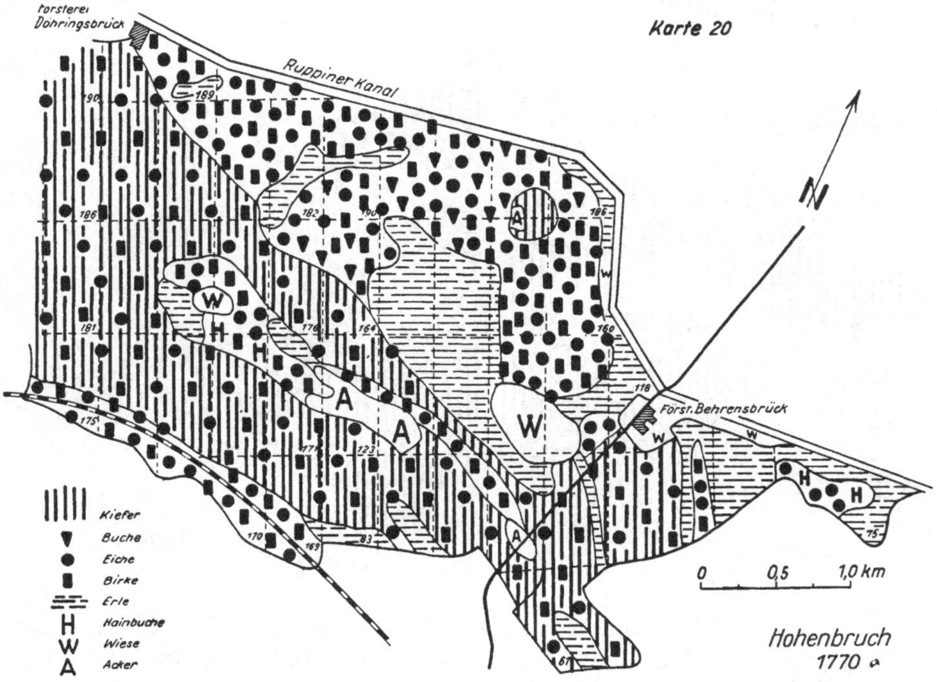

Die Karte von 1770 gibt auch für die oben mit Kiefer bezeichneten Jagen „Kiehnen“ an, und zwar in sehr großzügiger Weise. Für die anderen Teile außer den Erlenbrüchern ist angegeben „so aus Büchenholtzung“. Es ist also scheinbar ein Widerspruch zu der Karte von 1768, er kann aber auch auf ein Vorhandensein der Hainbuche zurückzuführen sein.

Die Holzartenverteilung ist für das ganze Hohenbruchsche Revier 1770 folgende:

Eichen und Büchen . .	55 %
Eichen und Kiefer . . .	21 %
Elßlaake	24 %

Die Morgenländersche Forstbeschreibung von 1780 sagt vom Hohenbruch: „Dieses Revier bestehet aus Eichen, Büchen, Birken, Elsen und gut Kiehnenholtz, die Hälfte aus Eichen und Büchen beysammen, die andere Hälfte aus Kiehnen, worunter auch einzelne Eichen und Büchen befindlich und auf etwa 300 Morgen Elßlaake. Kaufmannsgüter sind noch von beyden Teilen hierselbst, auch Stark-, Mittel- und Klein-Bauholtz, Bohl und Lattstämme, nicht weniger junger Aufschlag so allhier vorhanden ist.“

Bis 1817 fehlen Karten, auch die Karte, die wahrscheinlich um 1817 entstanden ist, gibt zu schlechte Unterlagen, erst 1820 bekommen wir ein klares Bild von der damaligen Holzartenverteilung.

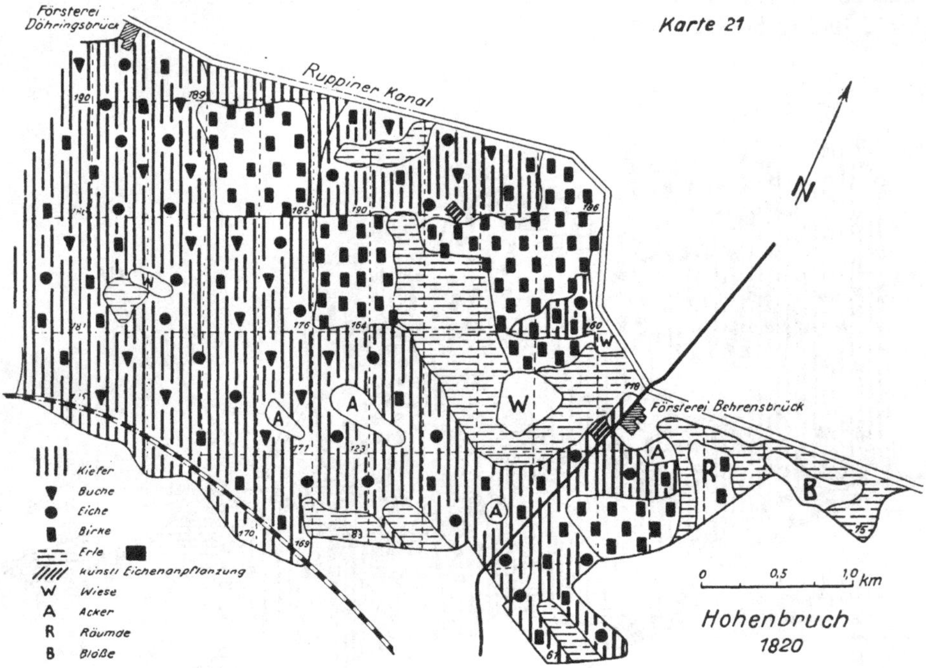

Danach ist die Kiefer, immer mit Eiche und Birke gemischt, außer auf den Dünen in den Jagen 77d, 78bc, 79ac, 120b, 121bc, 122a, 123b*, 162c, 187, 188, 190a, 119b, 160bd Nord, 120c Nordost, 161a Südost.

Sonst ist aber die Birke im Reinbestand sehr verbreitet, so 78a, 119de Süd, 120de, 160acf, 161a, 162b, 163acd, 164 und 186ab.

Einen großen Teil des Reviers nehmen die Erlenbrücher ein. 75b, 76bc und 77a sind Räumden, mit Birke lose bestanden.

So ist der Revierzustand von 1820 dahingehend zu schildern: Vorhandensein eines großen Teils alter Kiefernbestände, Vordringen der Kiefer in die alten Eichen-Birkenbestände, Ablösung dieser Eichen-Birkenbestände durch reine Birke; auf den Übergangsböden Ausdehnung von Räumden sowie das Vorhandensein weiter Erlenbrücher. Die Niederungsbestände, zum Teil auch die höher gelegenen, müssen auch einen Anteil der Linde gehabt haben, der allerdings archivalisch nicht nachweisbar ist. Heute ist nur eine alte Linde auf dem sog. Lindhorst (Jagen 164) vertreten, wie auch der Name Lindhals (Jagen 61) auf diese Holzart hinweist.

1848 verändert sich das Bild wesentlich zugunsten der Kiefer. Die obengenannten Birkenbestände sind zum größten Teil in Kiefernbestände überführt worden, haben

* Alles Kiefer der I. Altersklasse.

aber noch alle einen wesentlichen Anteil der Birke. Überwiegend Birke ist nur noch Jagen 78a sowie die Räumde im Jagen 186a. Der gesamte Mittelteil, die Senke am Graben in den Jagen 122 und 123, hat einen wesentlichen Anteil an Birke und Erle, wie auch die Birke in den Erlenbrüchern im Jagen 119 zu finden ist. Natürliche Eiche finden wir in den Jagen 78–81 sowie in 189 und 190 Süd, während jetzt in den Jagen 79d, 118b und 119a künstliche Eichenanpflanzungen entstanden sind. Nur ganz beschränkt finden wir die Buche z. B. in den Jagen 189 und 190 Süd. Die Erle hat ihren alten Platz behauptet, geblieben sind die Räumden in den Jagen 75–77.

Aufgeforstet sind die Äcker in den Jagen 80 und 123, wobei der letztere heute noch an der spärlichen Kiefernnaturverjüngung zu erkennen ist.

Kiefernbestände der I. Altersklasse gibt es nicht, die der II. Altersklasse sind auch nicht häufig, die Massen sind durchweg gering, als höchste Masse stehen in 160bdf 107 fm auf dem Hektar.

1848 ist folgendes Holzartenverhältnis im Revier:

Nadelholz	79 %
Niederwald	13,5 %
Blößen	16 %
Hohes Laubholz . . .	1,5 %

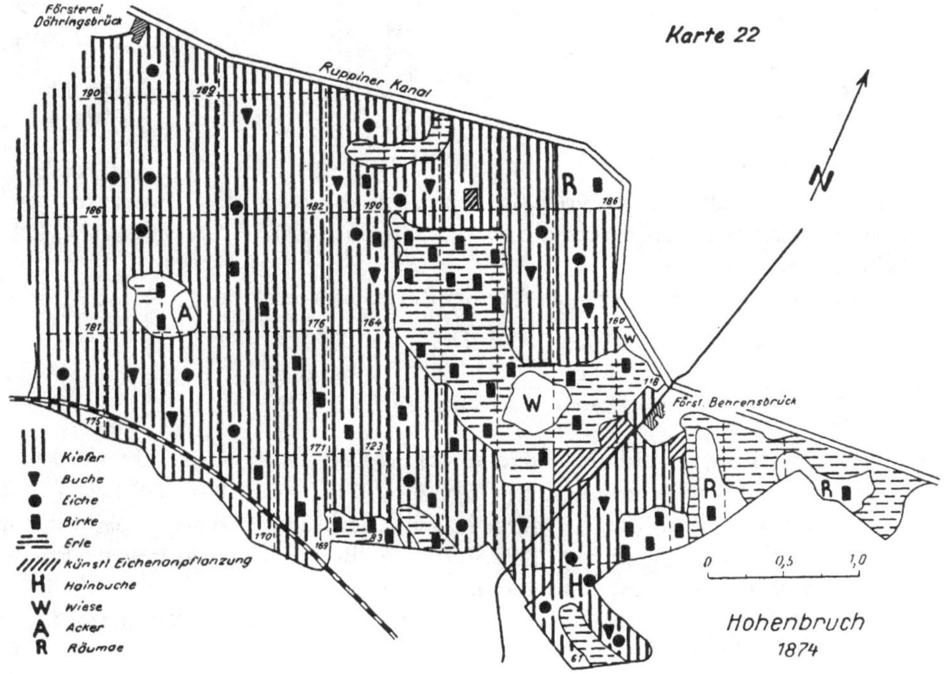

1874 ist das Bild bezüglich der Kiefer wenig verändert. Die Kiefernbestände sind mit Birke, aber auch mit Eiche durchsetzt. Die künstlichen Eichenanpflanzungen haben an Boden gewonnen, z. B. 77e, 118f, 119b. Die Birke ist in den Niederungen im Vordringen, frühere Erlenbrücher haben jetzt einen wesentlichen Birkenanteil, wahrscheinlich eine Folge der durchgeführten Entwässerung. Die Räumden in den Jagen 75—77 sind geblieben.

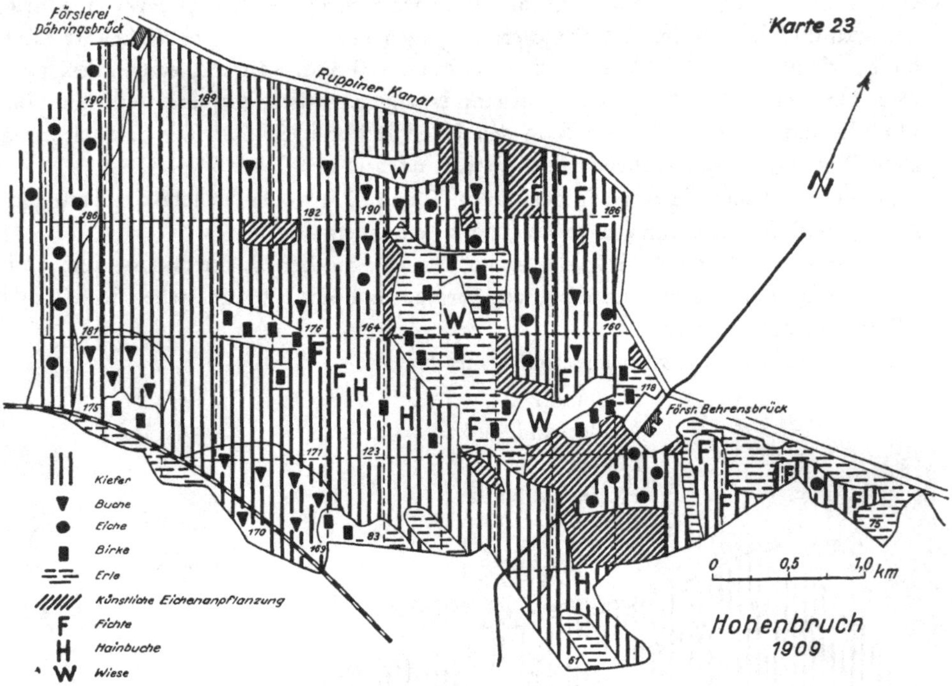

1909 erscheint das Revier direkt als eichenreich, es sind in der Zwischenzeit große Eichenreinkulturen angelegt worden, so in den Jagen 78 a, 79 a, 80 c, 81 c, 119 c, 121 c, 160 c, 187 b.

Das zeigt auch die Holzartentabelle vom Revier Behrendsbrück:

Kiefer	58,5 %
Eiche	16,5 %
Anderes Laubholz . .	25 %

Neben der Eiche ist auch die Fichte an zahlreichen Stellen eingebracht worden, so auf den alten Räumden in den Jagen 75 b, 76 b, 77 a, 121 a, 186 a, 187 a. Die Birke ist als Mischholz überall da, besonders in den Erlenbrüchern, sonst finden wir vorwiegend Birke in den Jagen 83 a, 119 c, 120 c. Die Buche tritt etwas mehr in Erscheinung, z. B. in 160 b d f, 164, 188 a, 189 a, 190 a Süd.

Zahlreiche Kiefernkulturen auf falschem Standort sind damals angelegt worden, so in 75 a, 76 b, 77 a, 119 d, 186 a. Kiefernnaturverjüngung ist nur auf den Dünen anzutreffen.

Das heutige Bild unterscheidet sich wenig von dem von 1909. Geringe Teile ehemaliger Erlenbrücher bestehen aus Birkenbeständen, in denen man ab und zu eine Eiche findet. Sonst ist in älteren Kiefernbeständen vereinzelt Eiche, Buche und Birke anzutreffen. Hainbuche findet sich nur an wenigen Stellen, auch die Esche tritt nur örtlich auf. Von den angepflanzten Fichten sind sehr viele vom Sturm geworfen worden, während sich die angepflanzten Eichen gut gehalten haben.

Die natürliche Bestockung des Hohenbruchs kann man dahingehend zusammenfassen: die tiefsten Lagen waren von der Erle besiedelt gewesen, auf Übergangsstellen muß ein Eichen-Hainbuchenwald vertreten gewesen sein. Etwas höhere Stellen trugen Eichen mit einem wesentlichen Anteil der Birke, dazu trat auch die Buche. Noch höhere Stellen und die Dünen haben als Hauptholzart die Kiefer getragen, der Eiche und Birke beigemischt waren.

Die Entwicklung ging dahin, daß infolge der Entwässerung ein Teil der Erlenbrücher in Birkenbestände überführt wurden, die Übergangsböden nach einer Periode der Blößen und Räumden in Kiefern- und Fichtenbestände umgewandelt wurden, die ehemaligen Eichen-Birkenbestände nach einer Birkenperiode zu Kiefernbeständen wurden, während in den ursprünglichen Kiefernbeständen die Laubhölzer zurückgedrängt wurden.

f) Verschwundene Waldteile

Vor der Zusammenfassung der archivalischen Ergebnisse für das ganze Untersuchungsgebiet sei noch auf verschwundene Waldteile hingewiesen.

1. Oranienburger Bürgerheide im Niederungsgebiet zwischen Oranienburg und Germendorf. Holzartenangaben waren nicht aufzufinden.
2. Das Schleuensche Luch, nördlich des Hohenbruch. Nach Morgenländer 612 Morgen groß, heute Wiesen und Weiden der Gemeinde Hohenbruch, bestand aus Erlen und ist 1768 abgetrieben worden.
3. Das Lehmbruch, südlich von Germendorf, nach Morgenländer 1135 Morgen groß, bestand aus Eichen, Buchen und Birken sowie etwas Erlenbruch, in dem einzelne Eichen standen. Bis auf das Erlenbruch stand alles Holz gemischt. Der Boden ist eben und sandig.
4. Der Tiergarten, südlich des Ruppiner Kanals, reichte bis an die Stadt Oranienburg. Nach Morgenländer 508 Morgen groß, bestand aus Buchen, Eichen und Erlen.

3. Zusammenfassung für alle untersuchten Waldteile

Für das ganze ehemalige Neuholländer Revier ergibt sich 1770 folgende Holzartenverteilung:

Eichen und Büchen . .	46%
Eichen und Kiefern . .	38%
Elßlaaken	26%

Nach Morgenländers Beschreibung ist 1780 die Holzartenverteilung ungefähr die gleiche, auch scheint die allgemeine Verfassung des Reviers nicht so schlecht zu sein, nur der Obermalz ist stellenweise schon ziemlich ausgehauen.

In den späteren Jahren, ungefähr bis 1800, wird der Anteil der Holzarten, wenigstens der Fläche nach, wenig verschoben, nur daß die Birke besonders im Obermalz an Raum gewinnt. Es wird auch späterhin mehr gehauen als zuwächst.

1820 ist die Holzartenverteilung folgende:

Kiefer	77 %
Erle	12 %
Birke	9,5%
Eiche	1 %
Buche	0,5%

So verschiebt sich der Holzartenanteil immer mehr und mehr, weite Räumden und Blößen entstehen. Die Eiche nimmt im allgemeinen sehr ab, auch die Buche, besonders auf dem Papenstieg und dem Krummen Berg, dafür sind große Birkenbestände vorhanden, so im Obermalz, Krummen Berg und im Hohenbruch. In diesen Jahren setzt auch die künstliche Kultur der Kiefer in verstärktem Maße ein.

Die Hiebsergebnisse der folgenden 15 Jahre lassen die Holzartenanteile gut erkennen. Es sind gehauen worden:

Kiefer	69,2%
Birke	10,7%
Erle	10,6%
Buche	4,8%
Eiche	4,7%

1848 ist das Holzartenverhältnis folgendes:

Kiefer	87 %
Erle	7 %
Birke	3 %
Eiche	0,5%
Buche	0,5%
Anderes Laubholz	2,0%

Obige Tabelle zeigt ein weiteres Zurückgehen des Laubholzes, eine Zunahme der Kiefer. Der Revierzustand muß ein ziemlich schlechter gewesen sein, viel Altholz ist nicht vorhanden, und der Anteil der Räumden und Blößen ist ein sehr großer.

1849—1856 sind gehauen worden:

Kiefer	88,5%
Birke	6,3%
Erle	2,9%
Eiche	1,2%
Buche	1,1%

1857 zeigt die Holzartentabelle folgendes Bild:

Kiefer	86,1%
Erle	7,0%
Birke	3,6%
Gemischtes Laubholz	1,9%
Eiche	0,9%
Buche	0,5%

Gegenüber 1848 ist also keine wesentliche Veränderung festzustellen.

Nach 1848 wird weiterhin die Kiefer in verstärktem Maße angebaut, es wird versucht, die Räumden und Blößen zu kultivieren, jedoch steigt der Flächenanteil der Kiefer kaum.

1874:	Kiefer	86,5%
	Erle	5,9%
	Birke	5,5%
	Eiche	1,2%
	Buche	0,9%

Nach 1874 verschwinden nun die letzten Blößen, der Revierzustand hat sich weitgehend gebessert, die Fichte wird vielerorts angebaut, die letzten überwiegend reinen Buchenbestände verschwinden, die Kiefer wird auch auf ihr nicht zusagende nasse Böden ausgedehnt. Gleichzeitig setzt auch ein verstärkter Anbau von reiner Eiche ein.

1909 ist folgendes Bild:	Kiefer . . . , .	82,4%
	Birke + Erle . .	10,7%
	Eiche	7,2%
	Buche . . unter	0,1%

Der flächenmäßige Anteil der Kiefer ist etwas zurückgegangen, aber nur dank den Anbauten der reinen Eiche.

1927 ist der flächenmäßige Anteil der Holzarten folgender:

Kiefer	85,2%
Erle	6,6%
Eiche	4,7%
Birke	3,5%

So ist also bis auf den heutigen Tag eine wesentliche Bestockungsänderung nur auf dem Papenstieg, dem Krummen Berg und dem Hohenbruch eingetreten, wobei die Kiefer weit in die Niederung vorgetrieben wurde und die Buche, aber noch mehr die eingemischte Eiche zurückgedrängt wurde.

Für das gesamte Untersuchungsgebiet kann nach den archivalischen Ergebnissen folgendes gesagt werden:

Die Kiefer war überall auf den etwas höheren Stellen vertreten, ihr waren stellenweise die Buche (Untermalz und Sarnow) und die Eiche (Obermalz) beigemischt, auch die Birke war in den Kiefernmischbeständen überall vertreten. Man kann also einen Kiefern-Buchenwald und einen Kiefern-Eichenwald deutlich unterscheiden. Wie hoch der Anteil der Kiefer war, läßt sich nicht mehr feststellen, auf trockeneren Stellen war er größer, auf feuchteren geringer.

Vom Laubholz war die Birke überall da. Birkenbestände waren aber nur eine Folge schlechter Wirtschaft oder der Anbauten auf feuchten Stellen. Zusammen mit der Eiche hat sie nur auf beschränkten Stellen (Hohenbruch) Bestände gebildet, die man als eine dauernde Waldgesellschaft ansprechen kann.

Die Eiche war auch eigentlich überall da, drang sogar bis in die Erlenbrücher ein.

Wesentlichen Anteil hatte sie im Obermalz (Kiefern-Eichenwald) und im Hohenbruch (Eichen-Birkenwald), auch im Kiefern-Buchenwald war die stark vertreten.

Die Buche hat auf dem Krummen Berg und dem Papenstieg Bestände gebildet, in denen diese Holzart vorherrschend war, hier war ihr die Eiche beigemischt. Wir müssen hier also einen grundwassernahen Buchenwald annehmen. Der Anteil der Buche an den Kiefern-Buchenmischbeständen wurde schon oben erwähnt, wie hoch er war, läßt sich heute nicht mehr feststellen, er wird aber ein hoher gewesen sein, denn die Kiefer verjüngt sich auf diesen Standorten von Natur aus nur sehr spärlich.

Die Erle war von jeher auf den nassesten Standorten die herrschende Holzart.

Man kann also auf Grund der bestandesgeschichtlichen Untersuchungen der archivalischen Quellen folgende Waldgesellschaften im Untersuchungsgebiet feststellen:

Erlenwald
Eichen-Birkenwald
Buchenwald
Kiefern-Buchenwald
Kiefern-Eichenwald

Ein Eichen-Hainbuchenwald läßt sich archivalisch nicht nachweisen.

4. Ergebnisse der Bestandesgeschichte

Ausgehend von der Problemstellung auf Seite 6 ist die Natürlichkeit eines grundwassernahen Buchenwaldes dahin zu beantworten, daß ein solcher Buchenwald eine Tatsache darstellt, besonders begründet durch sein früheres Vorhandensein auf dem Krummen Berg und dem Papenstieg, wo noch Altbuchen und Buchennaturverjüngung anzutreffen ist. Diese Buchenbestände stellten keine reinen Bestände dar, sondern waren mit Eiche und Birke gemischt.

Es muß somit als natürliche Waldeinheit ein grundwassernaher Buchenwald angenommen werden, auf den schon Hesmer (32) und Wiedemann (51) hingewiesen haben.

Eng mit diesem grundwassernahen Buchenwald sind die Bestände verwandt, die einen Kiefern-Buchenwald darstellen, und in denen außer diesen Holzarten die Eiche und Birke von Natur beigemischt waren.

Diese beiden oben angeführten Waldgesellschaften könnte man auch zusammenfassen, da von Natur aus die Buche hier die Hauptrolle spielen würde.

Ein natürlicher Eichen-Birkenwald ist nur an ganz wenigen Stellen (Hohenbruch) anzutreffen. Er nimmt, was die Grundwassertiefe anbetrifft, etwas tiefere Lagen als der grundwassernahe Buchenwald ein, und ist an eine bestimmte Grundwassertiefe (0,80–1,00 m) gebunden. Als natürliche Holzarten finden sich in ihm noch die Buche, stellenweise sogar die Kiefer.

Weiter ist festzustellen, daß die Kiefer von Natur aus erstaunlich weit in Grundwassernähe anzutreffen ist, ja sogar eine beachtliche Naturverjüngung zeigt [siehe Dengler (8), S. 300]. Es sind allerdings keine reinen Kiefernbestände, sondern stets mit Buche, Eiche oder Birke durchsetzt, wobei die Laubhölzer stellenweise einen höheren Anteil an der Holzartenzuammensetzung hatten als die Kiefer.

5. *Quellenverzeichnis*

a) Schriftliche Aufzeichnungen

Jahr	Art des Schriftstücks	Aufbewahrungsort 1939
1. 1780	Morgenländers Forstbeschreibung	Bibliothek der Forstfakultät Eberswalde
2. 1783	Bereisungsprotokolle	Staatsarchiv Berlin-Dahlem
3. 1820	Betriebswerk	Forstamt Sachsenhausen
4. 1848	Betriebswerk	Forstamt Sachsenhausen
5. 1858	Revisionswerk	Forstamt Sachsenhausen
6. 1862–1873	Taxations-Notizenbuch	Forstamt Sachsenhausen
7. 1874	Betriebswerk	Forstamt Sachsenhausen
8. 1873–1909	Hauptmerkbuch	Forstamt Sachsenhausen
9. 1909	Betriebswerk	Forstamt Sachsenhausen
10. 1927	Betriebswerk	Forstamt Sachsenhausen

b) Karten

Jahr	Verfasser	Umfang	Aufbewahrungsort 1939
1. 1766	Netcke	Oranienburger Revier	Staatsarchiv Berlin-Dahlem
2. 1768	Siegmund	Hohenbruch	Staatsarchiv Berlin-Dahlem
3. 1770	Hofmann	ehem. Obfö. Neuholland	Staatsarchiv Berlin-Dahlem
4. 1771	Hofmann Kopie Pavian	Oranienburger Revier	Staatsarchiv Berlin-Dahlem
5. 1790	Klamann	Ober-Untermalz Krummer Berg	Regierung Potsdam
6. 179?	Kopie von 5	Ober-Untermalz Krummer Berg	Staatsarchiv Berlin-Dahlem
7. 1809	Seiler	Krummer Berg Papenstieg	Staatsarchiv Berlin-Dahlem
8. 1811/13	Seiler Kopie Steinmann	Ober-Untermalz Krummer Berg	Regierung Potsdam
9. 1807?	Seiler?	Untermalz	Forstamt Sachsenhausen
10. 1807?	Seiler	Sarnow-Hohenbruch	Forstamt Sachsenhausen
11. 1819	Schubert	ehem. Obfö. Neuholland	Regierung Potsdam
12. 1823	Zindel	ehem. Obfö. Neuholland	Regierung Potsdam
13. 1832	Schulze	ehem. Obfö. Neuholland	Regierung Potsdam
14. 1846	Vogelsang	ehem. Obfö. Neuholland	Regierung Potsdam
15. 1848	Cusig	ehem. Obfö. Neuholland	Regierung Potsdam
16. 1858	–	ehem. Obfö. Neuholland	Forstamt Sachsenhausen
17. 1874	–	ehem. Obfö. Neuholland	Forstamt Sachsenhausen
18. 1909	–	ehem. Obfö. Neuholland	Forstamt Sachsenhausen

II. Pollenanalysen

1. *Methodik*

Durchgeführt wurden 25 Pollenanalysen aus den verschiedenen Typen der Holzartenzusammensetzung, einmal zur Nachprüfung der archivalischen Ergebnisse der Bestandesgeschichte, aber auch um ein Bild der Holzartenentwicklung in noch älteren als durch die archivalische Forschung umfaßten Zeiten zu erhalten.

Bei den Moorpollenanalysen wurde die bekannte Methodik angewandt. Mit dem schwedischen Kammerbohrer wurden die Moore erbohrt und die Proben nach dem üblichen Kalilaugenverfahren weiter behandelt, die Holzartenanteile prozentual berechnet, die Hasel und die Nichtbaumpollen gesondert als Prozente des Baumpollens ausgedrückt.

Zur graphischen Darstellung wurde, da es auf die Entwicklung der einzelnen Holzarten besonders ankam, bei allen Analysen die Darstellung als Flächendiagramm angewandt.

Bei den Humuspollenanalysen wurde mit einem Spaten ein Quader von etwa 8×8 cm Grundfläche und je nach den Verhältnissen wechselnder Tiefe im Bestand ausgestochen, an Ort und Stelle in Papier verpackt und fest eingeschnürt. Nach Trocknen ist eine derartige Probe unbegrenzt haltbar.

Bei der Probeentnahme muß man sich vergegenwärtigen, daß Störungen der Schichten im Waldboden recht groß sein können. Bodenbearbeitung, Waldtiere u. a. können die Schichtenfolge vollständig umkehren. Deshalb muß bei der Probeentnahme sorgfältig darauf geachtet werden, daß keine Anzeichen für Störungen vorliegen. Am besten ist es, ein oder mehrere Parallelproben zu entnehmen und das Ergebnis zu vergleichen, wie es z. B. bei der Bearbeitung im Gebiet des Eichen-Birkenwaldes geschehen ist.

Bei der Probeentnahme wurden möglichst auch die oberen Schichten des Mineralbodens erfaßt, in fast allen Fällen waren es Bleichsandschichten mit Humusinfiltrierung. Doch ist bei der Auswertung der Spektren des Bleichsandes größte Vorsicht geboten, da es sich hier um keine kontinuierliche Ablagerung, sondern um Einwaschung aus den darüberliegenden Schichten handelt. Der Auffassung von Beijerinck (2), in Deutschland vertreten durch Jonas (26), wonach die Bleichsandschichten äolische Ablagerungen sind, kann nach eindeutigen Ergebnissen bodenkundlicher und pollenanalytischer Forschung nicht beigetreten werden [Engmann (12), Laatsch (28)].

Nach Aufnahme der Mächtigkeit und Beschaffenheit der einzelnen Schichten wurden die Profile in 1 cm dicke Scheiben zerlegt und aus der Mitte der Scheiben, um eine etwa mögliche Verunreinigung an den Rändern zu vermeiden, eine Probe entnommen, die nach der Kalilaugenmethode weiterbehandelt wurde.

Die oft beträchtliche Beimischung von Sand, namentlich in den unteren Schichten, wurde nach Durchkochen mit Kalilauge mechanisch entfernt.

Die angefertigten mikroskopischen Präparate wiesen eine sehr unterschiedliche Pollenmenge auf; von wenigen Ausnahmen abgesehen, wurde die zur statistischen Wahrscheinlichkeit erforderliche Zahl von 100 Baumpollen und darüber gezählt.

Kiefernadelschließzellen wurden nicht gezählt, sondern nur ihre Anwesenheit festgestellt, da ihre Menge kein Bild über den Anteil der Kiefer an der Holzartenzusammensetzung ergibt. Auch sind Kiefernadelschließzellen im Mineralboden nicht anzutreffen, da dort, wie Wittich (53) nachwies, die Zersetzung der Nadeln sehr schnell vor sich geht.

Der Erhaltungszustand der Pollen war durchwegs sehr gut, da sie in einem saueren bis stark saueren Medium eingeschlossen waren, nur bei Bruchwaldhumus, der eine neutrale bis schwach sauere Reaktion aufwies, sind Pollen nur in den obersten Schichten erhalten geblieben, so daß dort die Humuspollenanalyse eine Grenze hat.

Rohhumuspollenanalysen wurden von verschiedenen Autoren durchgeführt.

Hesmer (22) fand in Erdmannshausen bei Bremen, daß die dortigen Trockentorfschichten sehr alt sind, bis in die Eichenmischwaldzeit hineinreichen. Die Problemstellung ging vom Alter der Humusauflagen aus und sind die Ergebnisse, da Erdmannshausen in gewisser Hinsicht Ähnlichkeiten mit dem Untersuchungsgebiet aufweist, in Vergleich zu ziehen. Hesmers Datierung der Humusschichten blieben nicht ohne Widerspruch, jedoch wiesen Pfaffenberg und Hassenkamp (33) aus demselben Gebiet nach, daß die Humusschichten auf den dortigen Gleiböden 1–2 Jahrtausende alt sind.

Werth und Baas (49) untersuchten Trockentorfe aus Usedom-Wollin, vom Darß, bei Fallingbostel, aus Finkenkrug bei Berlin (ebenfalls vom grundwassernahen Talsand), vom Hils und bei Oberhof in Thüringen. Werth verwirft die Theorie der humuszehrenden und humusmehrenden Holzarten und stellt ein sehr hohes Alter der untersuchten Trockentorfschichten fest.

Firbas und Broihan (14) kritisieren die Untersuchungen von Werth und Baas aus dem Hils und stellen fest, daß der größte Teil des Trockentorfs von der Fichte in relativ kurzer Zeit gebildet wurde.

Firbas, Losert und Broihan (15) untersuchten Auflagehumusschichten im Oberharz und stellten fest, daß unter der Fichte abgelagerte Rohhumusmengen in erster Linie eine Bildung der letzten Jahrhunderte, der sog. Siedlungszeit, sind, wenngleich die Rohhumusbildung bis in die Buchenzeit zurückverfolgt werden kann.

Engmann (11) untersuchte Rohhumus und Bleichsande aus Südwestmecklenburg, wendet sich besonders gegen die Auffassung von Beijerinck (2) und stellt das Alter der dortigen Dünen fest.

Eine eingehende Untersuchung von Redmann (35) auf der Frischen Nehrung befaßt sich besonders mit der Frage der Bewaldung und des natürlichen Vorkommens der Buche in dortiger Gegend. Zahlreiche Rohhumuspollenanalysen zeigen das Alter der Trockentorfe bis ans Ende der Eichenmischwaldzeit und zugleich die Natürlichkeit des dortigen Buchenvorkommens. Es handelt sich dort auch um Kiefern-Buchenmischbestände, die dem Oxalis-Myrtillustyp angehören und acidiphil sind, wahrscheinlich auch in Grundwassernähe sich befinden.

Die oben angegebenen Rohhumusanalysen befassen sich mit dem Alter der Rohhumusschichten, einer Problemstellung, die für die forstliche Praxis von Bedeutung ist, sowie der Ablagerungsmächtigkeit des Rohhumus durch verschiedene Holzarten.

Bei allen Rohhumusuntersuchungen muß die Beschaffenheit des Rohhumus beachtet werden, vor allem die Dichte der Lagerung. Obere Schichten sind im allgemeinen recht lose gelagert, ihre Ablagerung brauchte nicht so viel Zeit wie für dichtgelagerte untere Schichten.

Die absolute Höhe des Rohhumus ist vom Mineralboden abhängig, auf dem der Rohhumus abgelagert wurde. Ein untätiger Boden hat nicht dieselbe Einwirkung auf die Streuzersetzung wie ein tätiger Boden. Weiter muß die Beschaffenheit der Streu selbst mit berücksichtigt werden, denn die chemische Zusammensetzung der Streu wechselt je nach dem Standort der Holzgewächse. Weiter muß die Bodenflora mit berücksichtigt werden, die großen Einfluß auf die Rohhumusbildung hat. Nur nach Feststellung aller dieser Tatsachen läßt sich ein Vergleich der Rohhumuspollenanalysen durchführen.

2. *Das Bild der heutigen Holzartenzusammensetzung im Spiegel jüngster Pollenspektren*

Wie verschiedene Autoren betonen, spiegelt sich bei den Rohhumuspollenanalysen in erster Linie das Holzartenbild des betreffenden Bestandes wider. Jedoch wird man auch den Nah- und Ferntransport mit berücksichtigen müssen.

Nach noch unveröffentlichten Untersuchungen aus dem Nachlaß von Prof. Dengler findet eine starke Pollenabfilterung durch die Bestände statt. Bei einer Vergleichsbeobachtung während der Kiefernblüte flogen in einem Douglasienhorst nur etwa 10% der Kiefernpollen auf einer Freifläche an.

So müssen bei der Auswertung der Rohhumuspollenanalysen auch die benachbarten Bestände mit in Rechnung gesetzt werden.

Über die Präsentation der einzelnen Holzarten besteht zwar keine Einigkeit, fest steht jedoch, daß die Kiefer überrepräsentiert, Buche, Eiche und Linde unterrepräsentiert sind. Experimentell ist an diese Frage nur durch langjährige Beobachtung heranzugehen.

Anhaltspunkte lassen sich durch Analysen oberster Schichten des Rohhumus aus Beständen, deren Holzartenzusammensetzung bekannt ist, gewinnen.

Zu diesem Zweck wurden Spektren aus 2 cm Tiefe herangezogen, da die oberste Schicht zu sehr von den letztjährigen Pollenniederschlägen beeinflußt wird, in der etwas tieferen Schicht sich aber Pollen vieler Jahre befinden.

Nachstehend seien einige Beispiele aus Beständen verschiedener Holzartenzusammensetzung aufgeführt.

1) Birke

Reiner Birkenbestand mit ganz wenigen Eichen, in der Nähe ein Erlenbruch, 500 m im Westen ausgedehnte Kiefernbestände. Profil aus dem Jagen 121 a.

Anteil der Pollenarten in Prozenten:

Pinus	Fagus	Quercus	Betula	Alnus
8	1	3	83	5

Das Spektrum zeigt ein Vorherrschen der Birke, was in einem Birkenreinbestand auch nicht verwunderlich ist. Wichtiger ist die Feststellung, daß der Nah- und Weittransport, besonders der Kiefer, nicht stark in Erscheinung tritt, auch der Pollen der benachbarten Erlenbestände sich nicht besonders bemerkbar macht.

2) Eiche

Reiner Eichenbestand, Jagen 119 a, Eiche 126jährig, im Norden und Westen anschließend Birkenbestände, im Süden und Osten Alteichen. Der nächste Kiefernbestand befindet sich 100 m südlich.

Pinus	Fagus	Quercus	Betula	Alnus	Carpinus	Picea
33	3	50	8	3	2	1

Das Spektrum zeigt deutlich, daß bei einem Eichenpollenprozent von 50 ein reiner Eichenbestand anzunehmen ist. Da die Eiche nach Ansicht vieler Autoren unterrepräsentiert ist, ist schon bei geringeren Eichenpollenprozenten eine starke Beimischung der Eiche anzunehmen. Der Kiefernpollenwert ist auf Nahtransport zurückzuführen, während sich die benachbarten Birkenbestände nicht stark im Pollenbild auswirken.

3) Buche

Reine Buchenbestände sind im Untersuchungsgebiet nicht mehr anzutreffen, es sind heute nur noch Kiefern-Buchenmischbestände da, in denen die Buche meist unterständig, selten zwischenständig ist. Das Verhältnis Kiefer zu Buche ist der Masse nach maximal 7 : 3, meist ist aber die Masse der Buche im Verhältnis zu der der Kiefer geringer, auch muß man berücksichtigen, daß unterständige Buchen nicht so reichlich blühen wie zwischenständige und darum auch weniger Pollen produzieren. In den nachstehend angeführten Jagen war das Verhältnis Kiefer : Buche 1927 durchwegs 8 : 2

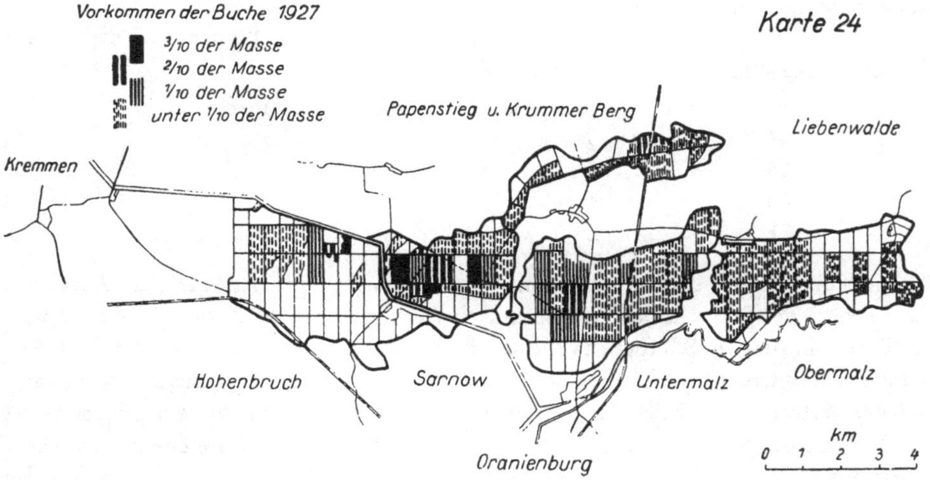

Jagen	Pinus	Fagus	Quercus	Betula	Alnus	Tilia	Ulmus	Picea
156	72	21	2	3	1			1
156 Mitte	79	13	–	3	4	1		
155 „	62	32	4	1	–			1
155 Süd	71	15	5	6	2		1	
152 d	72	14	2	6	2			4

Moosrasen im Kiefern-Buchenmischbestand Jagen 152 d: Pinus 69, Fagus 5, Quercus 3, Betula 15, Alnus 6, Tilia 1, Picea 1.

Nach der obigen Tabelle ist zu ersehen, daß ein Pollenprozent der Buche von 13 schon eine starke Anwesenheit dieser Holzart im Bestand anzeigt. Diese Tatsache ist bei der Auswertung der Rohhumuspollenanalysen besonders zu beachten.

Das Ergebnis der Analyse des Moosrasens in einem Kiefern-Buchenmischbestand zeigt die obenerwähnte Zufälligkeit einer zu kurzen Ablagerungszeit des Pollens.

4) Kiefer

Bei der Kiefer ist die Lösung der Frage der Repräsentation schwieriger. Welche Pollenprozente zeigen ihre Anwesenheit an Ort und Stelle? Vom Vorkommen der Nadelschließzellen sei im Augenblick abgesehen.

Einen Anhaltspunkt gewinnt man aus dem Spektrum eines reinen Eichenbestandes (s. oben), wo in der Nähe eines Kiefernbestandes 33% Kiefernpollen gezählt werden konnten. Bei der großen Pollenerzeugung der Kiefer und dem großen Nah-, Weit- und Ferntransport muß unter Berücksichtigung der Abfilterung durch den Bestand selbst bei über 50% Kiefernpollen auf die Anwesenheit dieser Holzart im Bestand geschlossen werden.

Auf der anderen Seite werden durch die Überrepräsentation der Kiefer die anderen Holzarten, die sich noch im Bestand befinden, an die Wand gedrückt. Das zeigt sich schon in den Kiefern-Buchenmischbeständen, in denen aber die Buchenprozente noch deutlich hervortreten. Jedoch treten auch Laubhölzer, die weniger als zu $^1/_{10}$ am Bestand beteiligt sind, in Erscheinung, wie folgende Beispiele zeigen:

Jagen 161a, Kiefer etwa 100jährig mit einzelnen Eichen, Buchen und Birken. Im Westen Birken- und Erlenbestände anschließend.

Pinus	Fagus	Quercus	Betula	Alnus	Tilia	Picea	Ulmus
67	5	3	15	7	3		
88	–	5	5	2			
86	–	4	5	5			
71	3	2	18	4		1	1

Die Vorherrschaft der Kiefer kommt bei allen obigen Spektren klar zum Ausdruck. Das Fehlen der Buche in der zweiten und dritten Probe ist auf Zufälligkeiten zurückzuführen, in tieferen Schichten taucht die Buche wieder auf, der Durchschnitt von 2% aus vier Analysen entspricht ungefähr dem heutigen Bild. Bei der Eiche, die im Bestand stärker vertreten ist, ist der durchschnittliche Wert 3,5, was auch dem heutigen Anteil am Bestand entspricht. Die Birke ist im ersten und vierten Spektrum entschieden überrepräsentiert, ihre hohe Pollenproduktion ist mit in Rechnung zu setzen, so daß der Durchschnittswert von 11% zu hoch ist. Die Anwesenheit des Erlenpollens ist durch Nahtransport zu erklären. Erstaunlich ist die Lindenzahl in der ersten Analyse, die nächste Linde befindet sich etwa 800 m westlich der Probeentnahme.

Folgende Spektren aus sehr ähnlichen Kiefernbeständen, in denen die Buche und Eiche stärker vertreten sind, zeigen auch den höheren Anteil dieser Holzarten im Pollenbild. Das obenerwähnte Erlen-Birkengebiet liegt östlich dieser Bestände, so daß der Haupttransport des Erlen- und Birkenpollens vom Bestand weg erfolgt.

Jagen	Alter der Kiefer	Pinus	Fagus	Quercus	Betula	Alnus	Carpinus	Tilia	Picea
164 Ost	110	70	8	9	5	3	2	1	1
190a SO	138	82	5	6	6	1	–	–	–

Die Durchschnittswerte der Eiche und Buche von je 7,5% erscheinen als etwas zu hoch, ebenso die der Birke von 5,5%. Jedoch zeigt sich auch hier ein größerer Laubholzanteil im Pollenbild.

Ein isoliert gelegener kleiner Kiefernbestand inmitten der Erlen-Birken- und Eichenniederung im Jagen 120 d, der im Südwesten an eine große Wiesenfläche (Steinbruchwiese) angrenzt, zeigt deutlich den Einfluß der Umgebung.

Pinus	Quercus	Betula	Alnus
63	5	30	2

Dagegen ist in einem östlich eines Kiefern-Buchenmischbestandes befindlichen Kiefernaltholz der Einfluß der benachbarten Buchen kaum erkennbar (Jagen 151 a).

Pinus	Fagus	Quercus	Betula	Alnus	Carpinus	Ulmus
89	1	1	4	1	3	1

Hier tritt mehr der Einfluß der feuchten Umgebung des Eichen-Hainbuchenwaldes in Erscheinung, vor allem durch Anwesenheit der Hainbuche, die sonst nur sehr spärlich im Pollenbild auftritt und wahrscheinlich immer stark unterrepräsentiert ist.

Die Nähe von Eichen macht sich in folgenden Kiefernbeständen stark bemerkbar:

Jagen	Alter der Kiefer	Pinus	Fagus	Quercus	Betula	Alnus
175 Ost	140	65	4	23	6	1
192 Ost	110	72	5	15	7	1

Bei folgender Analyse ist die Einwirkung der die Entnahmestelle umgebenden Kiefern-Buchenmischbestände unverkennbar: (Jagen 109 c, Alter der Kiefer 115 Jahre)

Pinus	Fagus	Quercus	Betula	Alnus	Picea
73	9	7	7	3	1

Was die Buche anbetrifft, so fand Redmann (35) auf der Frischen Nehrung in Kiefern-Buchenmischbeständen mit bis zu 75 % Buche in Oberflächenproben 10—22 % Buchenpollen und nur einmal 44 %. Die dortigen Ergebnisse stimmen gut mit unseren überein.

5) Schlüsse aus obigen Beobachtungen

Wenn man von örtlichen Störungen absieht, kann man aus Rohhumuspollenanalysen folgende Schlüsse vom Pollenbild auf die Holzartenzusammensetzung ziehen:

a) Kiefer: Anwesenheit der Kiefer im Bestand wird am besten durch das Vorhandensein der Nadelschließzellen dokumentiert, im Mineralboden versagt dieser Beweis. Je nach den Beständen kann man 20—40 % auf das Konto des Nah- und Ferntransports setzen. Pollenwerte der Kiefer bis etwa 40 % beweisen also nicht, daß die Kiefer im betreffenden Bestand vorhanden war, erst bei Pollenwerten über 60 % dürfte die örtliche Anwesenheit der Kiefer anzunehmen sein.

b) Buche: Wie aus den Befunden über Buchenpollen zu ersehen ist, findet ein Nah- und Weittransport von Buchenpollen im Bestande nur in einem sehr geringen Maße statt, auf sein Konto wären vielleicht 2—3 % zu setzen. Auch ein Ferntransport ist nur gering anzusetzen. Dagegen zeigen Pollenwerte von 5 % und mehr sicher die Anwesenheit der Buche im Bestand an. Bei einer Anwesenheit von über 10 % kann man schon mit einem erheblichen Anteil der Buchen an der Holzartenzusammensetzung rechnen. Buchenreinbestände dürften einen Pollenwert von 30% und darüber haben.

c) Eiche: Bei der Eiche ist die Anwesenheit im Bestande schwieriger zu beantworten, da, wie man feststellen kann, ein Nah- und Weittransport im Bestand überall stattfindet. Man kann ihn vielleicht auf 2–3% annehmen. Auf der anderen Seite treten beim Vorhandensein von nur wenigen Eichen im Bestande anderer Holzarten auch nur geringe Eichenwerte auf. Stärkeren Anteil der Eiche wird man erst bei Pollenprozenten über 10 annehmen, reine oder fast reine Eichenbestände erst bei einem Pollenprozent über 50.

d) Birke: Bei der Birke spielt die große Pollenproduktion und der Nah- und Ferntransport eine große Rolle. Bei dem Birkenreichtum der grundwassernahen Böden ist ihm bestimmt ein großer Teil der Birkenwerte zuzuschreiben, auf einen größeren Anteil der Birke im Bestand lassen Pollenwerte über 15% schließen.

e) Hainbuche: Was das Auftreten der Hainbuche in den Spektren anbetrifft, so erscheint diese Holzart so unregelmäßig, daß nur in wenigen Fällen Schlüsse auf ihr Vorhandensein im Bestand oder in der Nähe zu ziehen waren.

f) Linde: Lindenpollen finden sich nur in sehr wenigen Prozenten in den oberen Schichten. Bei den wenigen im Untersuchungsgebiet vorhandenen Linden erscheint diese Holzart sogar als überrepräsentiert. Ein Weittransport des Lindenpollens ist aber auch möglich. Bei Lindenpollenprozenten über 2 ist ihr Vorhandensein im Bestand aber anzunehmen.

g) Fichte: Erst seit Ende des 18. Jahrhunderts ist die Fichte im Untersuchungsgebiet angebaut worden und tritt mit ihren Pollenwerten nirgends stark in Erscheinung. Vereinzelte Fichtenpollen in älteren Schichten sind auf Ferntransport zurückzuführen.

h) Erle: Da in Erlenbeständen selbst eindeutige Pollenanalysen nicht möglich waren, und in den untersuchten Beständen auch in früheren Zeiten keine Erlen vorhanden waren, lassen sich die Erlenwerte nur durch Nah- und Weittransport erklären. Aus den Erlenwerten lassen sich also nur Schlüsse über das Vorhandensein der Erle in der Gegend besonders in der Nachbarschaft untersuchter Bestände ziehen.

i) Ulme: Ulmenpollen kommt überall, aber so unregelmäßig vor, daß hieraus keine sicheren Schlüsse gezogen werden können.

k) Hasel: Auch bei der Hasel ist eine Deutung nicht ohne weiteres möglich, da Haselpollen nur sehr unregelmäßig auftauchen. In den Oberflächenproben treten die wenigen im Untersüchungsgebiet sich befindlichen Haseln nicht in Erscheinung.

l) Ericaceen: Pollen der Ericaceen, in den meisten Fällen Vaccinium myrtillus und Calluna vulgaris, werden nicht weit transportiert, sondern lagern sich in unmittelbarer Nähe des Standorts ab und zeigen so die Anwesenheit der betreffenden Art an Ort und Stelle. Bei Vaccinium myrtillus sind die Pollenwerte selbst bei geschlossener Blaubeerdecke gering.

Aus den vorliegenden Beobachtungen an jüngsten Pollenablagerungen lassen sich unter Berücksichtigung der Unter- und Überrepräsentation der Pollen, des Nah-, Weit-

und Ferntransportes, der Filterwirkung der Bestände, der Lage der Probeentnahmestelle zu anderen Beständen immer Schlüsse auch auf die Zusammensetzung der Bestände, deren Holzartenanteile sich in den Spektren älterer Schichten widerspiegeln, ziehen.

3. *Auswertung der Pollenanalysen, Vergleich zu archivalischen Feststellungen und Schlüsse auf das Alter der Rohhumusablagerungen*

a) Analysen aus dem Gebiet des Eichen-Birkenwaldes

Um das Verfahren der Rohhumuspollenanalysen als Methode waldkundlicher Forschung erstmal zu erproben und eine gewisse statistische Sicherheit für die Ergebnisse zu bekommen, wurden in einem etwa hundertjährigen Kiefernbestand im Jagen 161 a 4 Proben entnommen (siehe Karte 1).

Den Kiefern sind einige Eichen, Buchen und Birken im Zwischenstand beigemischt. Etwa 100–200 m westlich erstreckt sich ein umfangreiches Bruchgelände mit Birken und Erlen, sonst sind südlich, östlich und nördlich jetzt Kiefernbestände anzutreffen.

Das Grundwasser befindet sich in etwa 80–100 cm beim Höchststand. Der Boden weist eine durchschnittlich 20 cm starke Rohhumusschicht auf, die stellenweise stärker ist. Ihre Beschaffenheit ist unterschiedlich, die oberen 3–5 cm sind lose gelagert und haben eine hellbraune Farbe mit pH von durchschnittlich 4,0, die darunter sich befindliche 7–10 cm starke Schicht ist fester, von dunkelbrauner Farbe mit pH 2,8–4,2 und entspricht dem, was man als Trockentorf bezeichnet. Darunter liegt eine etwa 10 cm starke schwärzliche Schicht schmieriger Beschaffenheit mit pH von 2,5, sie unterscheidet sich sehr gut von der darüberliegenden Schicht.

Unter dem Rohhumus befindet sich ein stark gebleichter Sand mit starker Humuseinschwemmung (pH 2,9) und Ausbleichung in einer Stärke von 30–50 cm und darunter ein sehr harter Ortstein-Gleihorizont von etwa 15 cm Stärke (pH 3,3) über dem Talsand mit pH 5,4.

Das Ganze kann man als Bodentyp als einen extremen Podsolboden über Glei bezeichnen.

Die Bodenflora besteht in erster Linie aus übermannshohem Adlerfarn.

Stratigraphisch kann man also im Zusammenhang mit der Pollenanalyse folgende Schichten unterscheiden: lose Auflage – fester brauner Rohhumus, nach unten kompakter werdend, nur kaum zersetzt – schwarzer Rohhumus, stark zersetzt – Grausand oder Bleicherdeschicht.

Probe Nr. 1 – Profillänge 23 cm, davon 3 cm loser Auflagehumus, 10 cm fester brauner Rohhumus (Trockentorf), 8 cm schwarzer schmieriger Humus, 2 cm stark mit Humus infiltrierter Sand.

(s. Tabelle Nr. 1)

Betrachtet man die Entwicklung der einzelnen Holzarten, von der jüngsten Zeit angefangen, so zeigt sich bis in die Tiefe von 12 cm ein Vorherrschen der Kiefer, dann sinkt die Kurve ab, erreicht in 17 cm ein Minimum, steigt in 19 cm auf 35% an, um an der Trennungsschicht zwischen Auflage und Mineralboden mit 17% wieder ein Minimum zu erreichen.

Tabelle Nr. 1

Tiefe der Probe in cm	Pinus	Fagus	Quercus	Betula	Alnus	Carpinus	Tilia	Picea	Schließ-zellen
1	65	4	13	18					+
2	67	5	3	15	7		3		+
3	78	1	4	12	3	1	1		+
4	88	2	2	4	2	2			+
5	79	1	3	16		1			+
6	77	3	2	16	1			1	+
7	75	1	2	20	2				+
8	69	1	1	22	6	1	1		+
9	76	2	3	17	2				+
10	56	2	6	33	2	1			+
11	51	1	3	40	3	2			+
12	60	1	5	32	2				+
13	38	2	11	40	8	1			+
14	39	2	39	11	8		1		
15	30	1	47	12	7		3		
16	31		58	3	7	1			
17	19	1	41	13	26				
18	32		26	11	30	1			
19	35		24	9	31		1		
20	27		26	16	28	2	1		
21	17		28	20	32	2	1		
22	17		23	19	41				
23	30		14	21	28		7		

(s. Diagramm Nr. 1)

Die Buche ist mit schwachen Prozenten (1–5) durchgehend bis in 15 cm Tiefe vertreten, dann einmal in 17 cm mit 1% und hört in tieferen Schichten ganz auf.

Die Eiche, mit einer zu hohen Zahl von 13% in der Oberflächenschicht beginnend, hat bis zu einer Tiefe von 12 cm geringe Werte (1–6), steigt bei 13 cm auf 11% an und erreicht in 16 cm ein Maximum von 58%, um dann bis in die Grausandschicht auf 14% abzufallen.

Die Birke, die in den oberen Schichten bis zu 9 cm in Anbetracht der benachbarten Brücher relativ geringe Werte aufweist, erreicht in 11 und 13 cm zwei Maxima mit je 40%, um dann wieder auf normale Werte abzusinken.

Die Erle, die in den oberen Schichten nur unregelmäßig vorkommt, steigt in den unteren Schichten plötzlich an und erreicht in der obersten Grausandschicht ein Maximum von 41%.

Hainbuche ist spärlich und unregelmäßig anzutreffen.

Die Linde, die in den obersten Schichten zweimal vorkommt, tritt in der schwarzen Humusschicht wieder auf und erreicht in der untersten Grausandschicht ein Maximum von 7%.

Schließzellen der Kiefernnadeln setzen erst mit der Schicht in 13 cm Tiefe kurz vor dem großen Anstieg der Kiefernpollenkurve ein.

Zusammenfassend kann man sagen, daß das Profil in seinen untersten Schichten mit hohen Erlen- und Lindenwerten beginnt, die Kiefer örtlich nicht vertreten ist, dann

Diagramm Nr. 1

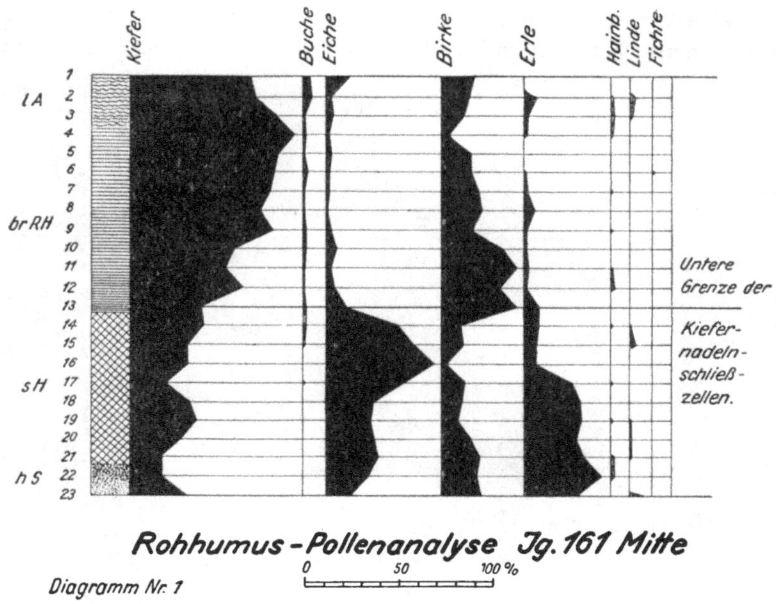

Zeichenerklärung für die Pollendiagramme

l AH = lose Auflage
br RH = brauner Rohhumus, f br RH = fester brauner Rohhumus
s H = schwarzer schmieriger Humus, s RH = sandiger Rohhumus
h S = humoser Sand (Grausand)
B = B-Horizont

der Anteil der Eiche stark zunimmt, sodann ein Abnehmen der Eiche und ein Zunehmen der Birke zu verzeichnen ist und schließlich die Kiefer an Ort und Stelle auftritt und die anderen Holzarten zurückdrängt.

Profil Nr. 2. Länge des Profils 20 cm, davon 3 cm loser Auflagehumus, 9 cm fester brauner Rohhumus, 6 cm schwarzer schmieriger Humus, 2 cm Bleichsand.

Von der Schicht in 10 cm Tiefe zeigt die Kiefer eine allmähliche Abnahme zum Grausand bis auf 6%.

Die Buche tritt erst bei 4 cm auf und hört bei 13 cm auf.

Die Eiche hält sich in den oberen Schichten in geringen Grenzen (2—8%), nimmt ab 12 cm stark zu und erreicht in 14—16 cm ein Maximum von 45—46%, um dann bis in den Grausand auf 25% abzusinken.

Die Birke zeigt in den oberen Schichten mäßige Werte, steigt in 9—12 cm auf 20 bis 25%, sinkt dann wieder ab, steigt dann im Grausand auf 45% wieder an.

Die Erle zeigt wieder in der obersten Grausandschicht ein Maximum von 35%. Hainbuche ist wieder spärlich und unregelmäßig vertreten. Die Linde erscheint auch hier erst in den untersten Schichten regelmäßig.

Kiefernadelschließzellen hören mitten im Abstieg der Kiefernkurve bei 12 cm auf. Die Entwicklung der Holzartenzusammensetzung geht also vom Vorherrschen eines Eichen-Birkenbestandes mit Linde über ein Vorherrschen der Eiche zu einer Zunahme der Kiefer bei einer gleichzeitigen Zunahme der Birke zu einem Kiefernbestand.

Tabelle Nr. 2

Tiefe der Probe in cm	Pinus	Fagus	Quercus	Betula	Alnus	Carpinus	Tilia	Corylus	Schließzellen
1	81		2	10	7				+
2	88		5	5	2				+
3	86		4	7	3				+
4	76	4	7	7	6				+
5	78	2	4	8	6	1	1		+
6	69	2	8	11	7	3			+
7	80	7	3	7	3			1	+
8	84	1	3	6	5	1			+
9	72	1	3	20	2	2			+
10	73		3	21	2	1			+
11	64	1	8	22	5				+
12	58		13	25	4				+
13	48	1	39	7	5				
14	39		46	10	5				
15				nicht analysiert					
16	29		45	10	13	1	2		
17	33		20	31	13	1	2		
18	15		35	37	10		3		
19	6		25	31	35		3		
20	16		25	45	14				

Diagramm Nr. 2

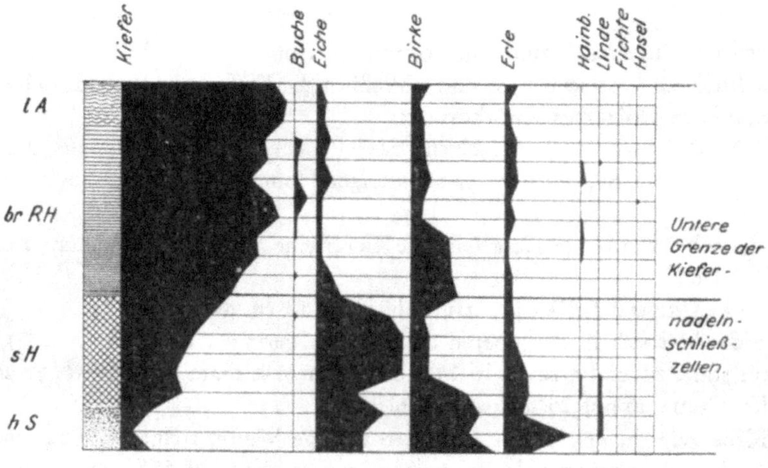

Rohhumus-Pollenanalyse Jg. 161

Diagramm Nr. 2 0 50 100%

Profil Nr. 3. Länge des Profils 29 cm, davon 3 cm loser Auflagehumus, 5 cm fester brauner Rohhumus, 3 cm noch fester Rohhumus, 10 cm schwarzer Humus, 8 cm Grausand.

Ab 8 cm zeigt die Kiefernkurve einen langsamen Abstieg und erreicht bei 15 cm einen Wert von 13%, der auch in tieferen Schichten nicht wesentlich überschritten wird.

Die Buche taucht in diesem Profil nur unregelmäßig und spärlich auf. Die Eiche, die in den oberen Schichten zwischen 4 und 10% schwankt, steigt von 9 cm schnell an und erreicht bei 16 cm ein Maximum von 59%, um zum Grausand hin, wieder abzusinken. Die Birkenkurve, die in den oberen Schichten mit geringen Werten beginnt, hat bei 10 cm ein Maximum von 16%, sinkt dann wieder ab und steigt im Grausand auf 65%. Linde findet sich erst im Grausand mit 2%. Kiefernadelschließzellen hören mit Abstieg der Kiefernkurve in 12 cm Tiefe auf.

Wenn man von der untersten Grausandschicht absieht, so ist die Entwicklung der Holzartenzusammensetzung folgende: Von einem Birken-Eichenbestand mit Linde geht die Entwicklung über einen Eichenbestand zum vorherrschenden Kiefernbestand.

Tabelle Nr. 3

Tiefe der Probe in cm	Pinus	Fagus	Quercus	Betula	Alnus	Tilia	Picea	Anzahl der Baumpollen	Schließzellen
1	99					1		75	+
2	86		4	5	5			73	+
3	79	1	9	6	5			85	+
4	76	1	10	9	4			110	+
5	80	1	6	7	3	1	1	135	+
6	82	1	7	9				156	+
7	88		3	6	2			115	+
8	81		4	10	5			127	+
9	78	3	4	13	1	1		142	+
10	62		13	16	5		2	118	+
11	60		13	15	8		2	127	+
12	43	4	30	14	4		2	132	+
13	37	3	41	15	1			136	
14	25	4	53	12	2			123	
15	13	4	57	11	10			121	
16	13	3	59	12	9			113	
17	20		52	13	15			126	
18	15		30	28	27			99	
19	18		32	31	19			98	
20	14		15	56	15			129	
21	15		9	48	28			105	
22	12		12	58	18			100	
23	14		9	65	10	2		65	
24–28		nicht analysiert							
29	15		12	50	21	2		59	

Je 2% Carpinus in Schicht 10 und 11 cm, Ulmus je 1% in den Schichten 5, 6 und 7 cm, je 3% in den Schichten 12 und 13 cm, 4% in 14, 5% in 15 und 4% in 4 cm. Corylus je 1% in 12 und 14 cm.

(s. Diagramm Nr. 3)

Profil Nr. 4. Länge des Profils 23 cm, davon 3 cm loser Auflagehumus, 5 cm fester brauner Rohhumus, 11 cm schmieriger schwarzer Humus, 5 cm Grausand.

Diagramm Nr. 3

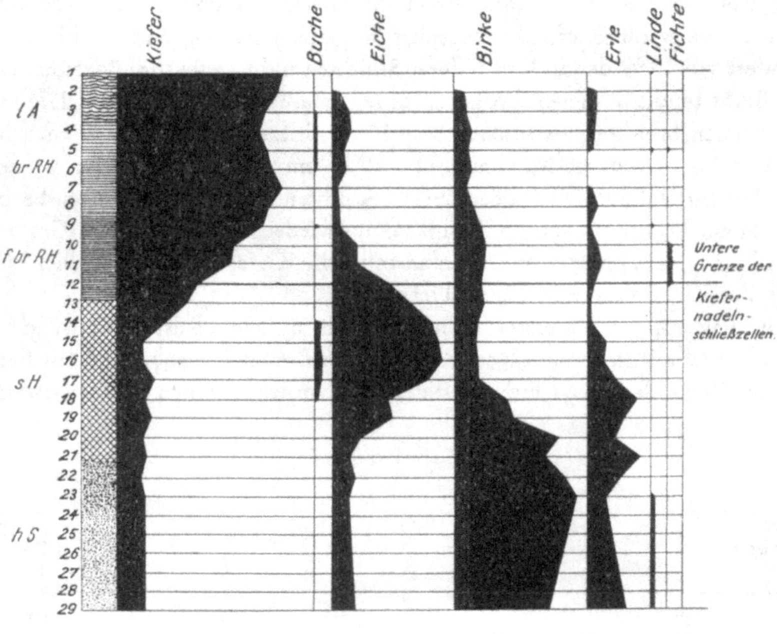

Diagramm Nr. 3

Auch bei diesem Diagramm zeigt die Kiefernkurve einen schnellen Abstieg von 75% auf 18% in 9 cm Tiefe, um weiterhin in mäßigen Grenzen zu schwanken. Die Buchenkurve reicht bis in die oberste Grausandschicht. Die Eichenkurve zeigt nach schnellem Anstieg auf 41% in 11 cm ein Absinken und ein zweites Maximum von 41% in 17 cm. Birke ist in diesem Profil durchwegs gut vertreten, sie hat zwei Maxima, eins in 9 cm mit 39%, eins in 12 cm mit 42%. Die Erle erreicht hohe Pollenwerte ab 12 cm. Die Hainbuche erscheint mit geringen Werten in den untersten Schichten des Humus und in den oberen Schichten des Grausandes.

Die Linde setzt mit geringen Werten im schwarzen Humus ein und steigt im Grausand bis auf 30%. Auch die Hasel setzt erst im schwarzen Humus verstärkt ein und hält sich bis in den Grausand.

Von den in diesem Profil mitberücksichtigten Ericaceenpollen gehören die im Humus gefundenen Vaccinium myrtillus, die im Grausand gefundenen Calluna vulgaris an, die hier bis 88% der Baumpollen erreichen.

Auch dieses Profil zeigt folgende Entwicklung: Von einem Eichen-Birken-Lindenbestand geht die Entwicklung über einen Eichenbestand, der in wechselnder Menge Birke und Linde enthält, zu einem Rückgang der Eiche und einem Anstieg der Kiefer zu dem heute vorwiegend reinen Kiefernbestand.

Faßt man diese vier Analysen zusammen, die aus ein und demselben Bestand stammen, so zeigen, abgesehen von gewissen Abweichungen, die Holzartenkurven und die Entwicklung der Holzartenzusammensetzung ein *gleichsinniges* Verhalten.

Dadurch ist bewiesen, daß die Pollenanalyse der saueren Humusauflagen zur Feststellung der Holzartenentwicklung in einem Bestand zu gebrauchen ist.

Die obigen Analysen zeigen einen großen Holzartenwechsel: der ursprünglich vorhandene Eichen-Birkenbestand mit einem Anteil der Linde verschwindet, macht einem zeitweiligen Birkenbestand Platz und wird in einen Kiefernbestand überführt.

Das Zusammenfallen des Einsetzens der Kiefernadelnschließzellen mit dem Anstieg der Kiefernkurve zeigt dies deutlich.

Die archivalischen Befunde lassen sogar das Alter des Holzartenwechsels bestimmen:

1768 – Laubholzbestand (Birke und Eiche)
1820 – reiner Birkenbestand
1848 – Kiefer mit Birke.

Tabelle Nr. 4

Tiefe der Probe in cm	Pinus	Fagus	Quercus	Betula	Alnus	Carpinus	Tilia	Ulmus	Picea	Vaccinium myrtillus	Calluna	Anzahl der Baumpollen	Schließzellen
1	85	4	1	8	1	1						152	+
2	71	3	2	18	4			1	1	2		124	+
3	73	2	3	16	5				1			138	+
4	73	1	4	19	2	1						130	+
5	67	1	2	27	3							180	+
6	75	1	2	20	2							136	+
7	69	2	5	21	3							123	+
8	46	1	14	30	8		1					181	
9	18	7	28	39	6	1	1			2		139	
10	23	5	34	32	4		1	1				150	
11	19	1	41	32	6	1						115	
12	16	1	20	42	19	1	1			1		157	
13	13	4	21	41	17		4					142	
14	20	8	21	36	12		3					137	
15	15	8	20	38	15	2	2					122	
16	10	7	25	31	17	8	2					179	
17	19	2	41	18	13	2	5					143	
18	21	7	28	20	20	2	2					122	
19	32	1	17	15	19		16				5	100	
20	17		31	19	18		15				7	71	
21	26		23	23	18		10				7	71	
22	25		19	15	11		30				36	72	
23	23		15	16	21		25				88	66	

(s. Diagramm Nr. 4)

Stammanalysen ergaben eine Kiefernbestandesbegründung um 1838, wir haben es hier mit einem Kiefernbestand 1. Generation zu tun.

Pollenanalytische und archivalische Befunde stimmen vollkommen überein und bekräftigen den Wert der Rohhumuspollenanalysen für waldkundliche Forschung.

Um nachzuprüfen, ob in anderen Beständen desselben Standorttyps (Bestände mit hohem Adlerfarn) eine ähnliche Entwicklung erfolgt ist, wurden weitere Profile analysiert.

Diagramm Nr. 4

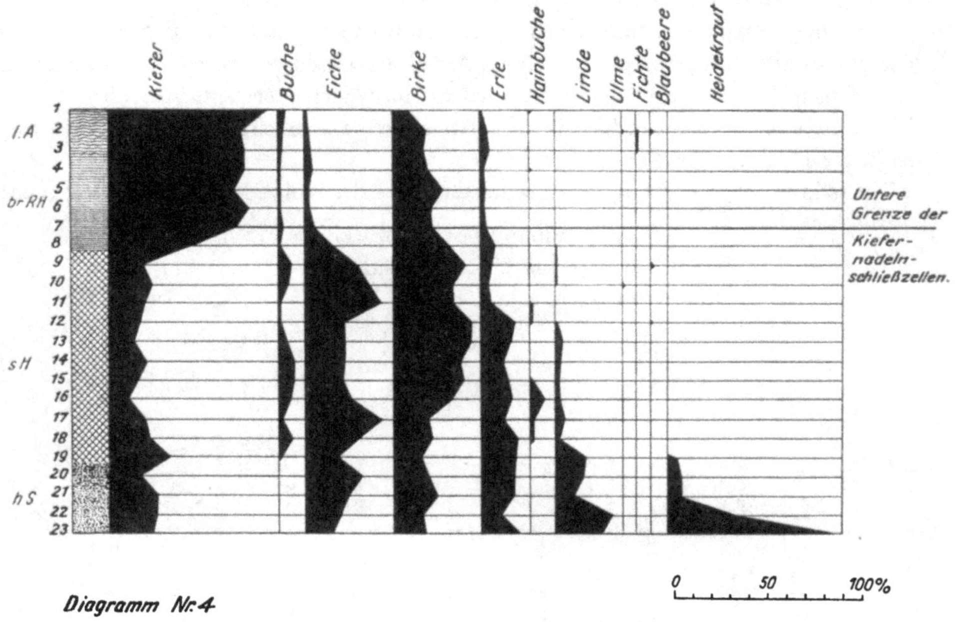

Tabelle Nr. 5

Tiefe der Probe in cm	Pinus	Fagus	Quercus	Betula	Alnus	Carpinus	Tilia	Ulme	Corylus	Schließ-zellen
1	62	15	10	10		3				+
2	70	8	9	5	3	2	1	1		+
3	71	5	10	9	2	3			1	+
4	75	9	5	7	2	2			1	+
5	68	5	6	20	1					+
6	70	9	8	9	1	2				+
7	66	3	6	20	2	3				+
8	64	2	5	22	1	6			1	+
9	60	3	9	22	3	2			1	+
10	49	2	14	27	5	2		1	1	
11	40	4	20	19	9	7	1		1	
12	23	5	31	23	11	7			2	
13	17	2	23	19	25	9	4	1	3	
14	15	4	32	22	21	4	2			
15	22	5	24	21	21	4	3		2	
16	25	3	27	18	23	2	2		2	
17	18	2	26	15	37	2			2	
18	19	1	23	20	32	2	3			
19	14		31	19	31	3	2			
20	15		22	19	28		16			
21	19		23	27	28		3		1	

Je 1% Picea in 2 und 6 cm Tiefe

Profil Nr. 5. Jagen 164 Ost. Kiefernbestand 110jährig, mit mehr Eiche und Buche als in 161 a. Eine alte Linde in der Nähe. Im Osten in etwa 100 m Entfernung die obenerwähnte Erlen-Birkenniederung, sonst vorwiegend von Kiefernbeständen umgeben.

Profillänge 21 cm, davon 2 cm lose Auflage, 8 cm fester brauner Rohhumus, 8 cm schwarzer schmieriger Humus, 3 cm Grausand.

Diagramm Nr. 5

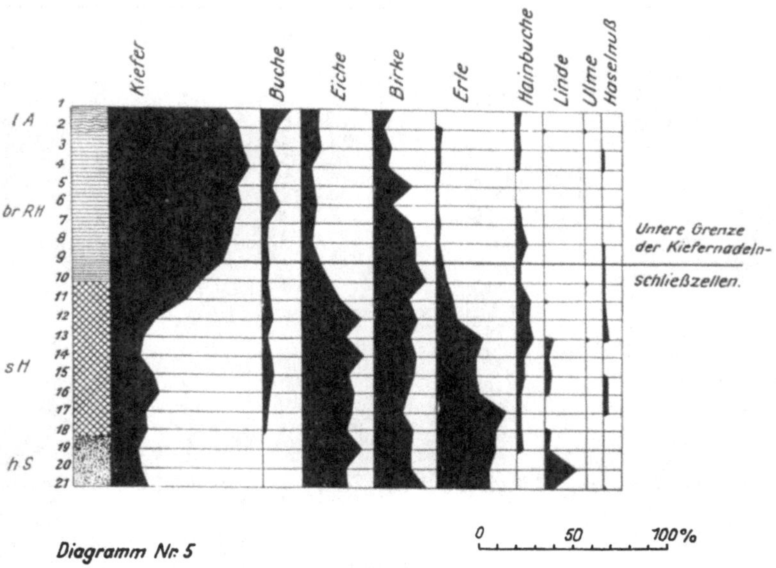

Die Kiefernkurve beginnt von 6 cm an zu fallen und erreicht in 14 cm ein Minimum von 15%. Die Buche, die in der obersten Schicht zweifellos überrepräsentiert ist, hört in 18 cm Tiefe auf. Die Eiche hat ihre Maximalwerte von 31 und 32% in 12 und 14 cm. Bei der Birke ist ein Maximum in 10 cm Tiefe mit 27% zu verzeichnen, die Erle zeigt ein Maximum in 17 cm (37%). Trotz der Nähe einer alten Linde ist in jüngster Zeit nur in 2 cm 1% Lindenpollen zu verzeichnen, in tieferen Schichten taucht die Linde wieder auf und bestätigt den Namen des Forstorts, der Lindhorst genannt wird. Im Grausand erreicht die Linde dann 16%.

Auch bei diesem Bestand geht die Entwicklung vom Eichen-Birkenbestand mit Linde über einen Birkenbestand zum Kiefernbestand.

Archivalische Belege bestätigen dies:

1768 – Laubholz (Birke und Eiche)
1820 – Birkenbestand
1848 – Kiefer mit Birke.

Auch hier ist die Begründung des Kiefernbestandes um 1838 anzunehmen.

Profil Nr. 6. Jagen 190 a Südost. Kiefernbestand 138 jährig, mit unterständiger Buche, einigen Eichen und Birken. Im Südosten das obenerwähnte Erlen-Birkenbruch.

Länge des Profils 19 cm, davon 3 cm lose Auflage, 6 cm fester Auflagerohhumus, 7 cm fester brauner Rohhumus, 2 cm schwarzer schmieriger Humus, Grausand nicht erfaßt.

Tabelle Nr. 6

Tiefe der Probe in cm	Pinus	Fagus	Quercus	Betula	Alnus	Carpinus	Tilia	Schließzellen
1	87	1	5	4	1	1	1	+
2	82	5	6	6	1			+
3	79	3	4	12		1		+
4	76	5	7	10	1	1		+
5	80	2	2	13	1	1		+
6	84	3	3	8	1	1		+
7	81	1	1	12	2	2		+
8	77	1	1	18	2	1		+
9	80	1	2	13	1	3		+
10	62	2	1	29	4	2		+
11	72	1	1	24	1	1		+
12	68	2	3	23	1	3		+
13				nicht analysiert				
14	47	2	13	28	7	3		+
15	39		14	37	8	2		+
16	40		16	36	5	3		+
17	14		32	34	10	6	4	
18				nicht analysiert				
19	15		28	37	12	1	7	

1% Ulmus in 7 cm, je 1% Picea in 3 und 5 cm, je 1% Corylus in 2, 3 und 4 cm

Diagramm Nr. 6

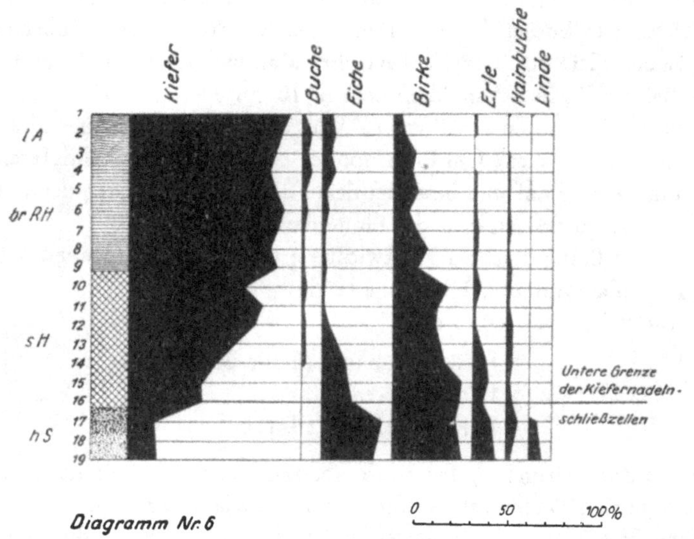

Die Kiefernkurve nimmt von 11 cm bis 17 cm von 67% auf 14% ab. Buche hält sich mit geringen Prozenten bis in eine Tiefe von 14 cm. Eiche ist in den oberen Schichten mit geringen Prozenten, nimmt ab 14 cm schnell zu und erreicht in 17 cm ein Maximum von 32%. Erle tritt nur in den unteren Schichten etwas verstärkt auf, Hainbuche hält sich durchgehend mit 1–6%. Linde taucht erst verstärkt in tieferen Schichten mit 4–7% auf. Kiefernadelschließzellen hören bei 16 cm auf.

Die Entwicklung der Holzartenzusammensetzung ist ganz ähnlich wie in den oben erläuterten Profilen: Ein Eichen-Birkenbestand mit Linde wird von einem Birkenbestand abgelöst, der in einen Kiefernbestand überführt wird.

Der archivalische Vergleich zeigt das auch:

1768 – Laubholzbestand (Birke und Eiche)
1820 – Birken-Eichenbestand mit etwas Kiefer
1848 – Kiefernbestand mit Eiche und Buche.

Hier muß die Begründung des Kiefernbestandes um 1810 angenommen werden.

Tabelle Nr. 7

Tiefe der Probe cm	Pinus	Quercus	Betula	Alnus	Carpinus	Tilia	Ulmus	Picea	Corylus	Vaccinium myrtillus	Calluna	Anzahl der Baumpollen	Schließzellen
1	66	3	27	3				1				114	+
2	63	5	30	2					1	1		123	+
3	54	1	40	4				1				133	+
4	48	3	46	3						3		121	+
5	34	2	61	2	1							142	+
6	55	3	39	2			1					137	+
7	50	4	40	4	1		1					156	+
8	60	10	23	5		1	1			2		149	+
9	43	24	24	6		1	2		2			107	+
10	34	42	7	15				2	1			187	
11	21	42	10	26		1			4	1		148	
12	20	51	10	18	1				1	1		186	
13	29	53	5	12				1	5			146	
14	27	51	9	12	1	1			5		2	153	
15	23	34	15	26	1	1			5		1	151	

Profil Nr. 7. Kleiner etwa 130jähriger Kiefernbestand auf einer aus der Niederung herausragenden Erhöhung. Jagen 120 d. Im Norden, Westen und Süden von Erlen-Birkenbrüchern und künstlichen Eichenbeständen umgeben, im Osten eine größere Wiesenfläche (Steinbruchwiese). Standortverhältnisse ähnlich wie in den Jagen 161 a, 164 und 190 a.

Länge des Profils 15 cm, davon 3 cm lose Auflage, 5 cm brauner Rohhumus, 5 cm schwarzer Humus, 2 cm Grausand.

(s. Diagramm Nr. 7)

Das Profil wurde ausgewählt, um neben der Entwicklung des Bestandes selbst auch die Holzartenentwicklung der Bruchniederung zu untersuchen, die den Bestand allseitig umgibt.

Diagramm Nr. 7

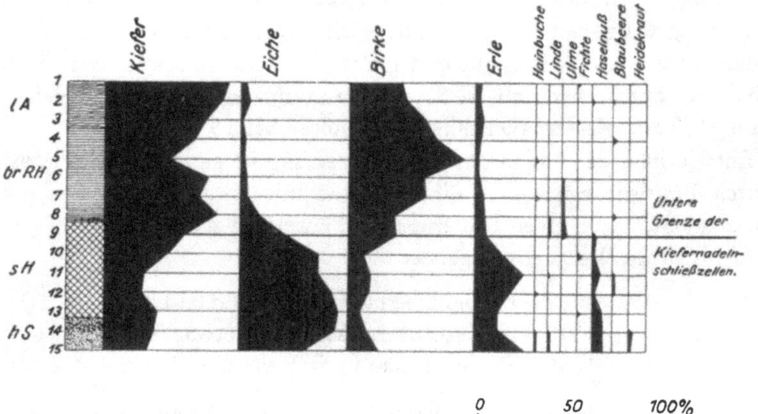

Diagramm Nr. 7

Wie anzunehmen war, erreicht die Kiefer keine so hohen Werte wie in den vorhergehenden Profilen, sie beginnt zwar mit 66% in der Oberflächenschicht, geht aber bei 5 cm auf 34% zurück, steigt bei 8 cm auf 60% und fällt danach schnell ab. Buchenpollen waren im Profil nicht anzutreffen. Die Eiche erreicht in den oberen Proben nur geringe Werte, steigt aber ab 8 cm schnell an und erreicht in 13 cm ein Maximum von 53%. Die Birke ist in den oberen Schichten besonders stark vertreten, sie hat in 5 cm ein Maximum von 61% und fällt in den unteren Schichten sehr ab. Erle ist in den unteren Schichten mit höheren Pollenwerten anzutreffen. Hasel tritt in den unteren Schichten etwas verstärkt und regelmäßig auf. Schließzellen hören ab 8 cm auf.

Das Bild der Entwicklung dieses Bestandes wird von der Entwicklung der Umgegend überlagert.

Ursprünglich herrschte im Bestand selbst die Eiche, von der auch einzelne Exemplare in der Niederung vertreten waren, sonst hat aber in der Umgebung die Erle eine Rolle gespielt.

Nach Abtrieb der Eichen ist der Bestand selbst mit Kiefern aufgeforstet worden. In der Umgebung ist aber durch Trockenlegung die Erle zurückgegangen und hat in erster Linie Birkenbeständen Platz gemacht. Die späteren Eichenanpflanzungen sind im Pollenbild nicht zu erkennen.

Nach archivalischen Belegen ist die Entwicklung folgende:

1768 – Erlenniederung, der Bestand ist als zu klein nicht als Insel herausgehoben
1820 – reiner Birkenbestand, im Westen Birkenbruch
1848 – Kieferninsel im Erlenbruch.

Die archivalischen und pollenanalytischen Befunde gehen also auch bei diesem Profil parallel.

Profil Nr. 8. Jagen 151 a. Kiefernbestand 132jährig, im Westen Kiefern-Buchenmischbestände, im Norden, Osten und Süden Niederung zum Eichen-Hainbuchenwald gehörig, aber mit Kiefer aufgeforstet. In einem großen Kreis herum Erlenbruch und der Teschendorfer Graben mit Erlen.

Profillänge 24 cm, davon 2 cm lose Auflage, 8 cm fester brauner Rohhumus, 6 cm schwarzer Humus, 8 cm Grausand.

Diagramm Nr. 8

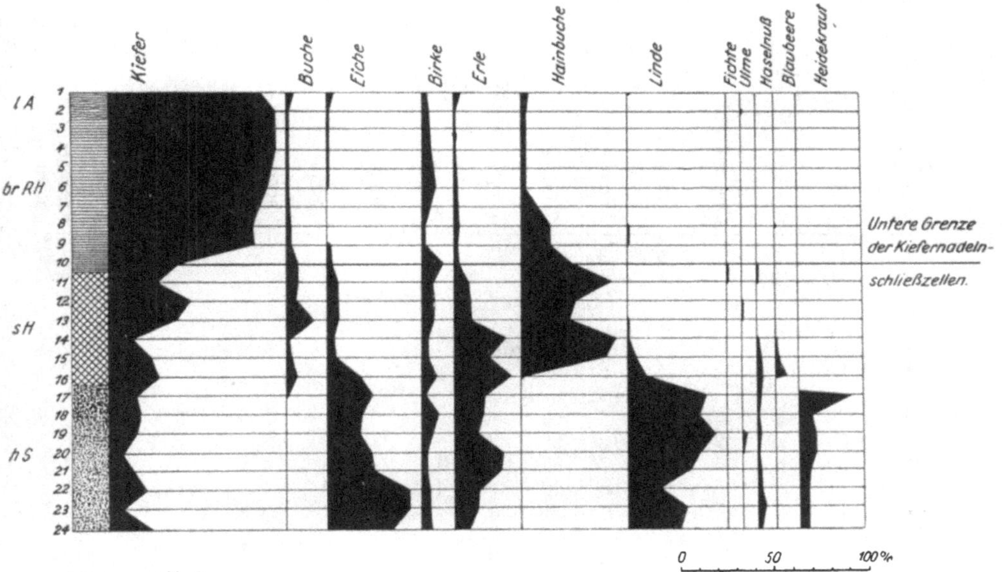

Diagramm Nr. 8

Auch dieses Profil wurde herangezogen, um die Entwicklung der Nachbarbestände zu untersuchen, in denen Pollenanalysen nicht möglich waren.

Die Standortsverhältnisse sind dieselben wie bei den oben beschriebenen Profilen.

Die Kiefer fällt mit ihren Pollenwerten ab 9 cm sehr schnell ab. Die Buchenkurve steigt ab 9 cm an und erreicht in 13 cm ein Maximum mit 14%, was den Einfluß der westlich befindlichen Buchenmischbestände zeigt. Die Eiche erreicht erst im Grausand höhere Werte. Birke tritt durchwegs nicht reichlich auf, Erle nimmt erst in den unteren Schichten zu. Dagegen zeigt dieses Profil in mittleren Schichten ein großes Ansteigen der Hainbuchenkurve, die hier in 14 cm mit maximal 51% vertreten ist. Die Linde, die in den unteren organischen Schichten stetig beginnt, erreicht im Grausand sehr hohe Werte (47% in 19 cm). Sonst ist zu bemerken, daß im Grausand Calluna auftritt.

Die Entwicklung ist nicht ganz leicht abzulesen, da die Einwirkung der Nachbarbestände zu groß ist. Bei den hohen Hainbuchenwerten muß diese Holzart hier mitbeteiligt gewesen sein, es ist also hier ein Übergang zum Eichen-Hainbuchenwald gegeben. Eine große Buchenausbreitung westlich des Bestandes ist auch anzunehmen. Es erfolgte dann in jüngerer Zeit durch den Anbau der Kiefer eine große Umwandlung in der Holzartenzusammensetzung.

Der archivalische Vergleich ist hier schwer durchzuführen, weil die verschiedenen

Standorte des Jagens bzw. der Abteilung namentlich in früheren Zeiten nicht getrennt behandelt worden sind.

1770 – Buche
1820 – Birke
1848 – Kiefer, Buche, Eiche und Birke

Es ergeben sich auch hier Parallelen zu den Pollenanalysen.

Tabelle Nr. 8

Tiefe der Probe cm	Pinus	Fagus	Quercus	Betula	Alnus	Carpinus	Tilia	Picea	Ulmus	Corylus	Vaccin. myrtillus	Calluna	Schließzellen	Anzahl der Baumpollen
1	81	4	3	3	4	4	1							111
2	89	1	1	4	1	3			1					134
3	nicht analysiert												+	146
4	89	1	1	5	1	3							+	146
5	nicht analysiert													
6	85	1	1	7	2	3		1					+	142
7	nicht analysiert													
8	76	2		2	3	16	1				1		+	105
9	75	2	2	2	2	16	1						+	108
10	39	6	3	11	2	38		1		1			+	101
11	24	6	6	6	8	49		1		1				110
12	42	5	7	7	9	29			1					96
13	35	14	7	6	10	26	1		1					89
14	12	1	4	3	28	51	1			1	1			112
15	22	2	5	3	19	45	4			2	2			136
16	26	5	18	8	30	3	10			3	6			114
17	14	1	24	2	17		42			2		28		138
18	17		19	9	16		39			1		7		121
19	14		18	6	13		47		2	2		9		142
20	7		24	3	26		39		1	1		9		162
21	13		25	3	25		34			2		6		148
22	20		44	5	14		17			2		5		152
23	7		44	5	13		31			4		5		150
24	23		35	6	8		28			2		5		145

Auf demselben Bodenflorentyp, nämlich im vorherrschend hohen Adlerfarn, wurden noch zwei Profile untersucht, die neben der Holzartenentwicklung den Vergleich der pollenanalytischen Ergebnisse mit den archivalischen prüfen sollen.

Auf der Karte von 1768 vom Hohenbruch waren Bestände mit Nadelholzsignatur aufgefallen, die dem Adlerfarntyp angehören. Es wurde ein Profil gleich neben einem solchen als Kiefernwald bezeichneten Bestand entnommen und ein Profil in einem solchen Bestand.

Profil Nr. 9. Jagen 119 a. Eiche 126jährig. Im Westen in etwa 100 m Birkenbestand, im Norden, Osten und Süden Eichenbestand, nächster Kiefernbestand etwa 100 m südlich.

Länge des Profils 12 cm, davon 3 cm lose Auflage, 8 cm fester brauner Rohhumus, 1 cm Grausand (schwarzer Humus fehlt). Grundwasser bei etwa 1,20 m.

Tabelle Nr. 9

Tiefe der Probe in cm	Pinus	Fagus	Quercus	Betula	Alnus	Carpinus	Tilia	Corylus	Ericac.
1	31	3	43	15	5		1		3
2	33	3	50	8	3	2		1	
3	40	3	31	13	9	3	1		
4	42	2	35	9	10	1	1		
5	35	2	42	11	8	2			
6	45	2	25	16	10	2		5	
7				nicht analysiert					
8	58	2	27	7	3	3		2	
9	57		11	16	9	5	1	2	4
10	71		15	10	2	2		3	3
11	73	1	7	11	6	2		2	
12	67		11	12	9	1		1	1

In 1 cm 2% und in 2 und 3 cm je 1% Picea.

Diagramm Nr. 9

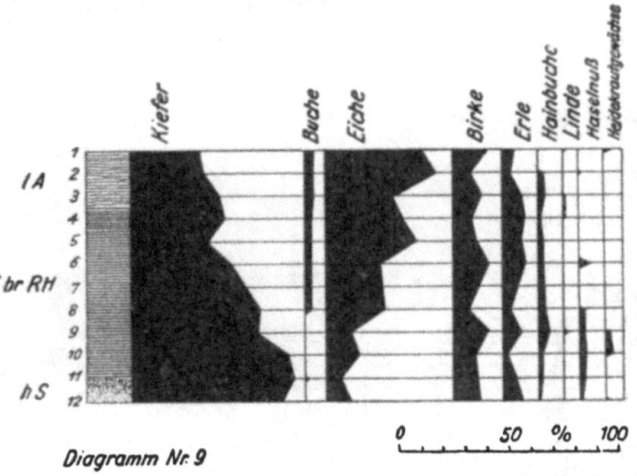

Die Kiefernkurve steigt hier von 31% in der Oberflächenschicht auf maximal 73% in der untersten Rohhumusschicht an. Buche hält sich in mäßigen Grenzen bis zur Grausandschicht. Eiche hat ihre Maximalwerte in den oberen Schichten und sinkt dann auf 7% in der untersten Rohhumusschicht ab. Birke ist durchweg mit keinen hohen Pollenwerten vertreten, ebenso die Erle.

Die Bestandesentwicklung ist also folgende: von einem Kiefernbestand mit Eiche und Birke geht der Bestand in einen reinen Eichenbestand über.

Das archivalische Ergebnis ist folgendes:

1768 – Birkenbestand am Rande eines Kiefernbestandes
1820 – Kiefernbestand mit Birke
1848 – Eichenbestand

Auch in diesem Fall stimmt der archivalische Befund sehr gut mit dem pollenanalytischen überein.

Bei diesem Standort muß man sich vergegenwärtigen, daß auch die Kiefer hier von Natur aus vorkam, also hier ein Übergang zu einem natürlichen Kiefernwald gegeben ist. Das Grundwasser steht hier etwas tiefer, auch die Humuszusammensetzung ist anders als bei den Profilen 1–8.

Tabelle Nr. 10

Tiefe der Probe in cm	Pinus	Fagus	Quercus	Betula	Alnus	Carpinus	Tilia	Ulmus	Picea	Corylus	Calluna	Anzahl der Baumpollen	Schließzellen
1	90	1	2	4				1	2			117	
2	90	1	2	5	1				1			135	
3	87	1	1	8	1			1	1			127	+
4	79		3	14	3			1				129	+
5	69	1	8	15	6			1		2		127	+
6	90	1	1	6	1		1			1		116	+
7	90	1	1	4	4					1		133	+
8	83	1	7	6	2		1			1		82	+
9	78		4	10	7		1			1		115	+
10	59	1	6	29	5					3	1	119	
11	31		5	44	19		1			1	2	173	
12	43		9	28	20					5	1	129	
13	45		10	31	11		2		1		1	131	
14	30		6	52	10		1	1		2		145	
15	23		11	49	14		2			5	1	127	

Profil Nr. 10. Jagen 79c Nordwest. Kiefernbestand 95jährig, mit einzelnen Buchen, im Norden und Westen die bei Profil 9 angegebenen Eichenbestände, im Osten und Süden Kiefernbestände.

Profillänge 15 cm, davon 3 cm lose Auflage, 6 cm brauner Rohhumus, 6 cm Grausand

Diagramm Nr. 10

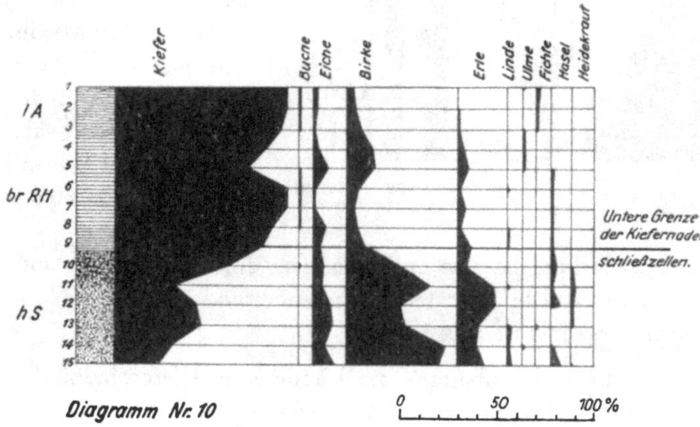

In der Humusauflage ist die Kiefer mit hohen Werten herrschend und geht erst im Grausand zurück. Buche ist sehr spärlich vertreten. Eiche erreicht durchwegs keine hohen Prozente, Birke steigt erst im Grausand zu hohen Werten an, ebenso ist bei der Erle erst im Grausand ein Anstieg zu bemerken. Linde taucht in den unteren Schichten des Rohhumus auf und findet sich etwas verstärkt im Grausand. Auch die Hasel ist erst in den unteren Schichten des Rohhumus und im Grausand vertreten. Mit dem Einsetzen des Rohhumus erscheinen auch die Schließzellen.

Die Entwicklung der Holzartenanteile ist bei diesem Profil einfach. Mit dem Einsetzen der Rohhumusablagerung hat die Kiefer immer vorgeherrscht, die anderen Holzarten haben keine große Rolle gespielt, auch die Nähe des künstlichen Eichenbestandes wirkt sich nicht im Pollenbild aus, wahrscheinlich wegen der Pollenabfilterung des Kiefernbestandes.

Das archivalische Bild ist folgendes:

1768 – Nadelholz (Kiefer)
1820 – Kiefernbestand mit Birke
1848 – Kiefernbestand mit Birke

Auch in diesem Fall stimmt das pollenanalytische Bild mit dem archivalischen vollkommen überein.

Zusammenfassend kann man also für den Waldtyp mit vorherrschend hohem Adlerfarn sagen, daß der Schwerpunkt seiner natürlichen Holzartenzusammensetzung in einem Eichen-Birkenbestand liegt, daß aber dieser Typ auf der einen Seite auch Hainbuche getragen hat (Profil 8), auf der anderen Seite bei einem etwas tieferen Grundwasserstand die Kiefer als natürliche Holzart vorgekommen ist.

In der Beschaffenheit der Humusauflagen ist namentlich zwischen den Profilen 1—7 und 9—10 ein Unterschied gegeben, wobei bei den letzten beiden Profilen die Schicht des schwarzen schmierigen Humus fehlt.

Was das Alter der Humusschichten anbetrifft, so ist deren Stärke mit dem Einsetzen des künstlichen Kiefernanbaus in den Profilen 1—7 ziemlich genau zu datieren. Es sind in diesem Zeitraum von 100—200 Jahren durchschnittlich 11 cm Rohhumus abgelagert worden, wobei aber 2—3 cm der lose aufliegenden Streu zuzurechnen sind, die weiter nach unten eine festere Konsistenz erhält. Weiter ist zu beachten, daß die Stärke des Rohhumus in erster Linie auf das Konto des Adlerfarns zu setzen ist, der alljährlich mit großen organischen Ablagerungen hervorragend an der Rohhumusbildung beteiligt ist, wobei die Kiefernstreu eine weitaus geringere Rolle spielt.

Weiter ist zu beachten, daß die Konsistenz des Humus, der in der „Eichen-Birkenzeit" gebildet wurde, ganz anders ist, und zwar ist dort die Zersetzung weit fortgeschritten und eine sehr kompakte Beschaffenheit zu bemerken. Für die Ablagerung dieser Schicht, die im Durchschnitt 8 cm stark ist, sind weitaus längere Zeiträume notwendig.

Das stetige Vorkommen der Buche in dieser Schicht weist darauf hin, daß die Ablagerungen in der Buchenzeit erfolgten.

Die Ursachen für eine Konsistenzänderung der Humusauflage in historischer Zeit kann sowohl auf Grundwasserabsenkung oder auch auf dem Holzartenwechsel beruhen, im letzteren Fall ist aber zu beachten, daß der Rohhumus in erster Linie vom Adlerfarn abgelagert worden ist und keine Anzeichen dafür vorhanden sind, daß eine Änderung in der Bodenflora auf diesen Standorten eingetreten ist.

Somit zeigt die Rohhumuspollenanalyse, verbunden mit den archivalischen Untersuchungen, daß

1. für den Adlerfarntyp ein Eichen-Birkenwald mit Beteiligung der Buche und Linde die natürliche Waldgesellschaft ist,

2. das Vorkommen des Eichen-Birkenwaldes sich nur auf diesen Typ beschränkt, da hier schon Übergänge zu einem Kiefernmischwald gegeben sind.

b) Analysen aus dem Gebiet des Buchen-, Eichen- und des Kiefern-Buchenwaldes

Das Problem, das bei der zweiten Untersuchungsreihe zu bearbeiten war, bestand aus der pollenanalytischen Lösung der Frage der Natürlichkeit des Buchenvorkommens in Grundwassernähe. Es wurden Bestände ausgesucht, die heute eine starke Buchenbeimischung zeigen oder bei denen archivalisch Buchenvorkommen nachgewiesen wurden.

Das Grundwasser erreicht hier seinen höchsten Stand bei 1,20–1,50 m. Das Bodenprofil zeigt durchschnittlich eine Rohhumusauflage von 10 cm mit pH 2,7–4,4, darunter 10–30 cm Bleichsand mit pH 2,8–3,3, darunter loser aber sehr deutlich ausgeprägter B-Horizont mit pH 3,9–4,0, darunter Talsand mit Gleiflecken mit pH 4,1 bis 4,6.

Tabelle Nr. 11

Tiefe der Probe in cm	Pinus	Fagus	Quercus	Betula	Alnus	Carpinus	Tilia	Picea	Corylus	Vaccinium myrtilius	Calluna	Anzahl der Baumpollen	Schließzellen
1	78	17	3	2								125	+
2	72	21	2	3	1			1				148	+
3						nicht analysiert							
4	74	14	1	10	1							139	+
5	63	15	1	17	4				3	1		150	+
6	79	10	2	5	3	1			5	1		180	+
7	81	5	5	5	1	3			2	3		151	
8	83	5	4	6	2				2	1		148	
9	71	2	11	9	5			1	3		23	159	
10	67		17	8	7		1		4		72	117	
11	73		10	7	8		2				35	130	
12	66		16	7	8		2	1	1		33	93	
13	68		12	7	12		1				42	121	
14						nicht analysiert							
15	65		14	10	11						31	112	
16						nicht analysiert							
17	78		16	4	2						24	50	

Profil Nr. 11. Jagen 156 Nordost. Kiefernbuchenmischbestand, Kiefer 130 jährig, mit unterständigen Buchen, einzelne Eichen und Birken. Um den Bestand sind nur Kiefern- und Kiefern-Buchenmischbestände vorhanden. Bodenflora: Vorherrschen von Vaccinium myrtillus, dazu vereinzelt Molinia coerulea.

Länge des Profils 17 cm, davon 8 cm Rohhumusauflage, in den oberen 2 cm lose aufliegend, in den übrigen 6 cm dicht verfilzt und trockentorfartig, darunter Grausand mit starker Humuseinwaschung, der mit 8 cm erfaßt wurde, die unterste Schicht rostbraun, schon zum B-Horizont gehörig.

Diagramm Nr. 11

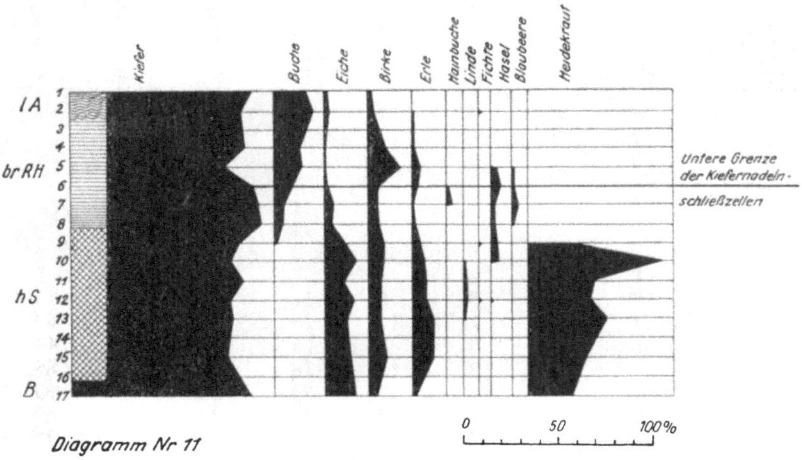

Die Kiefer ist mit durchwegs hohen Werten am ganzen Profil beteiligt, die Buche, die in der 2-cm-Schicht ein Maximum von 21 % erreicht, zeigt in den oberen Schichten eine relativ hohe Beteiligung, sinkt aber in den unteren Rohhumusschichten ab und ist in der obersten Grausandschicht nur mit 2 % vertreten. Die Eiche, die in der Rohhumusschicht geringe Werte aufweist, nimmt erst im Grausand zu. Die Birke hält sich durchwegs in mäßigen Grenzen, sie erreicht einmal ein Maximum von 17 % in der 5-cm-Schicht, hat aber sonst keine große Beteiligung am Profil. Die Erle zeigt erst im Grausand etwas höhere Werte. Bezeichnend ist aber das Auftauchen der Linde im Grausand sowie das dortige Auftreten von Callunapollen.

Die Bestandesentwicklung ist also folgende: Schon immer hat die Kiefer einen wesentlichen Anteil am Aufbau des Bestandes gehabt, die Buche ist als Mischholz seit dem Einsetzen der Rohhumusablagerung am Bestandesaufbau beteiligt, sie erreicht aber keinen hohen Prozentsatz, erst in jüngerer Zeit nimmt sie zu, so daß hier eine Entwicklung zu einem Buchenbestand zu verzeichnen ist. Die Eiche wird nur in einzelnen Exemplaren im Bestand vertreten gewesen sein, ebenso die Birke, deren Maximum in der Rohhumusschicht auf Verlichtung des Bestandes zurückzuführen ist. Die Erle erscheint wegen der Entfernung von den Erlenbrüchern und der Pollenabfilterung des Bestandes nur wenig im Pollenbild, und ist die Anwesenheit ihres Pollens auf Nahtransport zurückzuführen.

Das archivalische Bild für diesen Bestand ist folgendes:

1770 – Kiefern-Buchenmischbestand mit starker Beteiligung der Kiefer
1820 – Kiefernbestand mit Buche
1848 – Kiefern-Buchenmischbestand mit etwas Birke.

Auch in diesem Fall stimmt das archivalische Bild mit dem pollenanalytischen überein.

Tabelle Nr. 12

Tiefe der Probe in cm	Pinus	Fagus	Quercus	Betula	Alnus	Corylus	Vaccininm myrtillus	Calluna	Anzahl der Baumpollen
1	64	25	1	8	1		1		125
2	79	13		3	4		1		113
3	80	5	4	8	2				150
4	88	4	3	3	1				122
5	94		2	2	1		1		137
6	87	1	3	8	1		4		117
7	79	3	5	11	2	3			139
8	81		2	14	3	1		3	129
9	77		3	9	11	2		13	127
10	62		7	11	20	2		67	146
11	71		5	8	14	2		44	135
12	66		2	13	18	1		86	105
13	64		5	12	19	2		69	118
14	50		3	15	32	2		42	147
15	80		5	4	13			41	128

Tilia in 2, 11, 12 und 15 cm je 1%. Ulums in 3 und 5 cm je 1%. Picea in 1, 4 und 11 cm je 1%. Kiefernadelschließzellen von 2–7 cm vorkommend.

Profil Nr. 12. Im selben Jagen etwa 500 m südlich des Profils 11 wurde das Profil Nr. 12 entnommen. Die Bestandesverhältnisse sind dieselben wie beim Profil Nr. 11.

Länge des Profils 15 cm, davon 7 cm Rohhumusauflage, bestehend aus 2 cm loser Streu und 5 cm kompaktem Trockentorf, der ganz offensichtlich aus Buchenblättern gebildet wurde, darunter 8 cm Grausand.

Diagramm Nr. 12

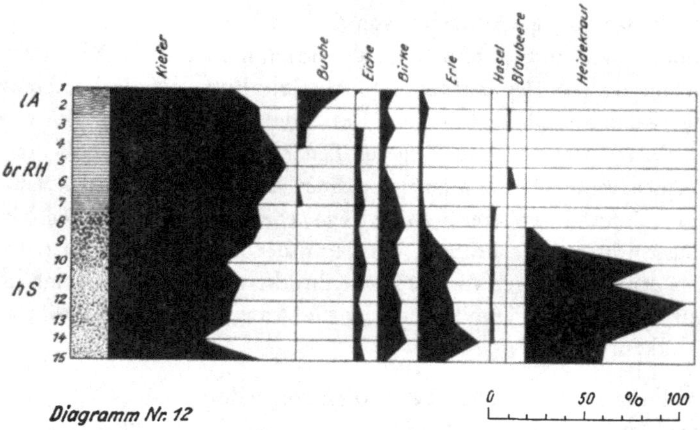

Diagramm Nr. 12

Die Kiefernkurve zeigt auch in diesem Profil durchwegs hohe Werte. Die Buche beginnt mit 25% in der Oberflächenschicht und geht ziemlich schnell zurück, hört im Grausand ganz auf. Eiche hält sich in sehr mäßigen Grenzen. Birke hat in der untersten Rohhumusschicht einen etwas höheren Pollenanteil, während die Erle erst im Grausand höhere Werte erreicht. Kiefernadelschließzellen setzen erst mit dem Rohhumus ein.

Auch hier war die Kiefer wesentlich am Bestandesaufbau beteiligt. Buche war seit Beginn der Rohhumusablagerung vorhanden, aber mit geringem Anteil. Die Eiche ist durchwegs mit niedrigen Anteilen vertreten gewesen. Etwas stärkere Birkenbeimischung ist nur in der untersten Rohhumusschicht anzunehmen, sonst ist der Anteil der Birke nicht wesentlich. Erle ist auf Nahtransport zurückzuführen. Sonst ist aber auch hier die starke Anwesenheit der Heide im Grausand bemerkenswert.

Für diesen Bestand sind die archivalischen Daten dieselben wie für den vorigen und zeigen die Übereinstimmung beider Untersuchungsmethoden.

Profil Nr. 13. Jagen 155 Mitte. Aus dem Nachbarjagen im Osten des Jagens 156 wurden 2 Profile entnommen. Die Standortsverhältnisse sind die gleichen wie bei den Profilen 11 und 12.

Alter der Kiefer 143 Jahre.

Länge des Profils 20 cm, davon 14 cm Rohhumus, in den oberen 2 cm lose aufliegend, und 6 cm Grausand.

Diagramm Nr. 13

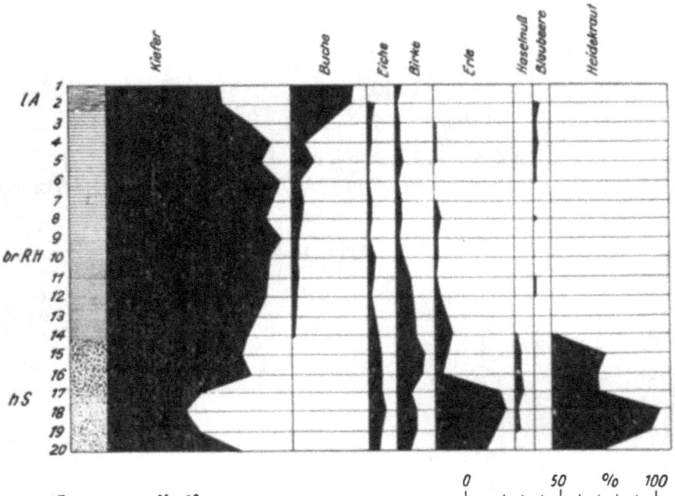

Diagramm Nr 13

Ebenso wie in den Profilen 11 und 12 ist die Kiefernkurve bis in die jüngste Zeit hoch, allerdings tritt die Buche in den beiden obersten Schichten mit für die Buche hohen Werten auf und weisen auf die allmähliche „Ausplenterung" der Kiefer hin. Nach unten zu sinkt die Buchenkurve schnell ab und hört mit dem Rohhumus auf. Die Eichenkurve hält sich auch hier in mäßigen Grenzen, auch die Birkenkurve steigt erst in der untersten Rohhumusschicht an. Die Erlenkurve erreicht erst im Grausand hohe Werte, wo auch die Linde auftritt.

Die Bestandesentwicklung geht von einem Kiefernbestand mit Eichen und Birken zu einem Kiefern-Buchenmischbestand mit wachsendem Anteil der Buche.

Die archivalischen Untersuchungen haben dieselben Daten wie für das Jagen 156 (Profile 11 und 12) ergeben, somit auch ihre Übereinstimmung mit den Pollenanalysen.

Tabelle Nr. 13

Tiefe der Probe in cm	Pinus	Fagus	Quercus	Betula	Alnus	Corylus	Vaccinium myrtillus	Calluna	Anzahl der Baumpollen
1	61	34		4					105
2	62	32	4	1			3		110
3	76	19	2	2	1		1		131
4	88	7	2	2	1		2		117
5	82	12	1	4	1		1		100
6	93	4	1	1			1		144
7	89	6	2	2	1				124
8	85	6	2	3	3		1		109
9	93	3	1	1	1				129
10	87	3	4	4	2				103
11	86	3	3	7	1		1		104
12	85	2	2	9	2		1		105
13				nicht analysiert					
14	75	1	5	10	9	1		2	160
15	72		7	14	6	3		28	124
16	77		7	13	3	3		24	155
17	50		7	8	34	4		25	107
18	42		9	10	37	1		58	148
19	50		7	10	32	2		53	112
20	71		5	7	17			25	95

Tilia in 15, 17 und 19 cm mit je 1% und in 18 cm mit 2%. Picea mit je 1% in 1, 2, 6, 8 und 9 cm. Schließzellen der Kiefernnadeln in Proben von 1 bis 12 cm einschließlich vorkommend.

Tabelle Nr. 14

Tiefe der Probe in cm	Pinus	Fagus	Quercus	Betula	Alnus	Carpinus	Tilia	Ulmus	Picea	Corylus	Vaccinium myrtillus	Calluna	Anzahl der Baumpollen	Schließzellen
1	65	13	6	11	2			3		1	1		123	+
2	71	15	5	6	2			1		1	1		133	+
3	57	22	2	9	6	2		2	2	2			125	+
4	36	47	2	5	6			2	2				150	+
5	60	17	5	9	5	2		1	2				142	+
6	60	14	2	14	7		1	2					153	+
7	85	8	1	4	1	1							147	+
8	85	5	2	2	3		1	2					117	+
9	89	4	4	2	1			1					118	+
10	79	2	8	3	7			1		2		3	130	
11	75	2	7	7	6	2		1		2		5	166	
12	72	1	11	10	4		1	1		4		6	159	
13							nicht analysiert							
14	71	2	8	13	5		1			1		14	126	
15	71		5	9	13	1	1			4		15	130	

Profil Nr. 14. Aus demselben Bestand im Jagen 155 am Südgestell entnommen. Die Bestandeszusammensetzung und das Alter sind dieselben wie beim Profil 13.

Profillänge 15 cm: 2 cm lose Auflage, 7 cm Rohhumus, trockentorfartig, 1 cm Rohhumus, stark mit Sand gemischt, 5 cm Grausand.

Diagramm Nr. 14

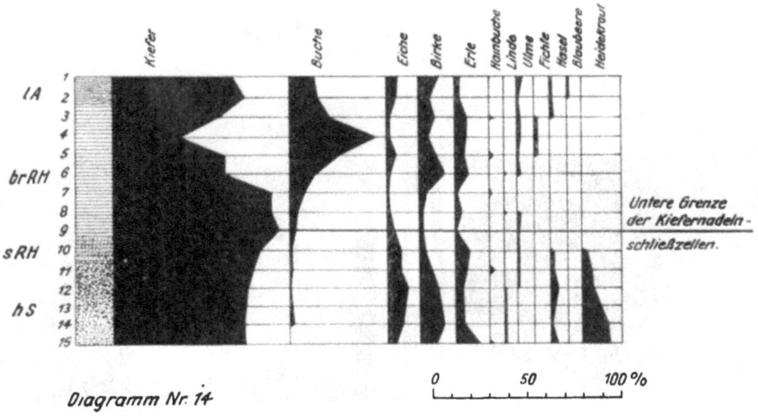

Bis auf eine Ausnahme (4 cm) hat die Kiefernkurve hohe Werte, die nach der Tiefe zunehmen. Buche ist in den oberen Schichten des Rohhumus mit hohen Prozenten beteiligt, einmal sogar mit 47 % (4 cm), nimmt nach unten zu ab, dringt aber hier in den Grausand ein. Die Eichenkurve hält sich durchaus in den Grenzen dieser Bestände. Birke zeigt ein Maximum in 6 cm Tiefe, sonst ist sie aber nicht stark vertreten. Bemerkenswert ist das stetige Vorhandensein der Ulme bis in die oberste Grausandschicht.

Das Bild der Bestandesentwicklung ist folgendes: Beim Beginn der Rohhumusbildung ist ein Bestand von Kiefer, Eiche, Buche und Birke vorhanden, in der Folge nimmt die Buche sehr zu. Das Buchenmaximum von 47 % ist wahrscheinlich auf örtliche Störung zurückzuführen. Es erfolgt schließlich die Ausbildung eines Kiefern-Buchenmischbestandes mit geringem Anteil der Eiche und Birke.

Die archivalischen Ergebnisse sind die gleichen wie bei den Profilen 11—13 und stimmen mit den pollenanalytischen Ergebnissen gut überein.

Die Pollenanalysen des Rohhumus im Kiefernbuchenkomplex der Jagen 155/156 zeigen:

1. einen gleichsinnigen Verlauf der Holzartenkurven, bestätigen also die Brauchbarkeit der Rohhumuspollenanalysen für waldkundliche Untersuchungen,

2. die gute Übereinstimmung mit den archivalischen Ergebnissen.

Das Alter der Rohhumusablagerungen ist hier schwierig anzugeben. Fest steht, daß die Ablagerungen in der Buchenzeit gebildet wurden, da die Buche auch in der Grausandschicht erscheint.

Zur Vervollständigung des Bildes der Entwicklung der Kiefern-Buchenmischbestände wurde aus dem Ostteil des Buchenkomplexes im Sarnow aus dem Jagen 152 d Nordost ein Profil entnommen.

Profil Nr. 15. Jagen 152 d Nordost. Kiefern-Buchenmischbestand, Kiefer 133 jährig, mit unterständigen Buchen, einzelnen Eichen und Birken. Im Norden, Westen und Süden Kiefern-Buchenmischbestände, im Osten eine schmale Erlenschlenke. Sonstige Standortverhältnisse wie bei den Profilen 11–14.

Länge des Profils 14 cm: 2 cm lose Auflage, 5 cm Rohhumus trockentorfartig, 6 cm Grausand.

Diagramm Nr. 15

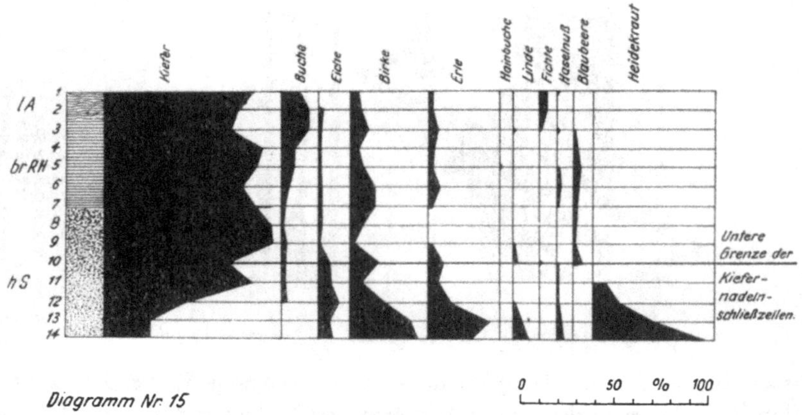

Die Holzartenkurven verlaufen ganz ähnlich wie bei den Profilen 11–14, die Buche ist auch hier in den oberen Schichten des Grausandes festzustellen. Birke ist im Rohhumus stärker vertreten, sonst sind die Linden- und Heidewerte im Grausand bemerkenswert, auch die Kiefernadelschließzellen reichen in den Grausand.

Die Bestandesentwicklung ist die gleiche wie in den Jagen 155/156, ebenso der archivalische Befund.

Tabelle Nr. 15

Tiefe der Probe in cm	Pinus	Fagus	Quercus	Betula	Alnus	Carpinus	Tilia	Picea	Corylus	Vaccinium myrtillus	Calluna	Anzahl der Baumpollen	Schließzellen
1	81	9		4	2			4	1	3		138	+
2	72	14	2	6	2			4				135	+
3	68	14	1	10	5		1	1	1	1		125	+
4	85	7	1	4	3					2		107	+
5	82	7	1	7	2	1			1	4		59	+
6	74	4	2	13	6				2	3		150	+
7	81	2	2	13	2				1	2		135	+
8	91	1	2	7						2		165	+
9	91	3	1	2	2		1			1		106	+
10	66	2	6	15	8		2	1	1	5		102	+
11	80	2	7	6	5				1		7	117	
12	55	3	11	18	12		1		1		14	116	
13	25		6	32	32		5		2		32	110	
14	25		8	36	23		8		3		59	130	

Das Profil Nr. 15 bestätigt die Ergebnisse der Profile Nr. 11–14 und die Schlußfolgerungen aus ihnen.

Ausgehend von archivalischen Feststellungen, die Bestände von vorwiegend Buche ergaben, wurden zur Nachprüfung durch Pollenanalyse folgende Profile untersucht.

(s. Tabelle Nr. 16)

Profil Nr. 16. Jagen 109 c, dicht nördlich der Teerofener Chaussee. Kiefernbestand 115 jährig, mit Birke und Eiche. Nördlich, westlich und östlich Kiefern-Buchenmischbestände ähnlich wie bei den Profilen 11–15, südlich eine nasse Schlenke mit künstlichen Eichenanpflanzungen. Bodenflora vom Adlerfarntyp, aber nur auf eine kleine Senke beschränkt, sonst Vaccinium myrtillus und Molinia.

Diagramm Nr. 16

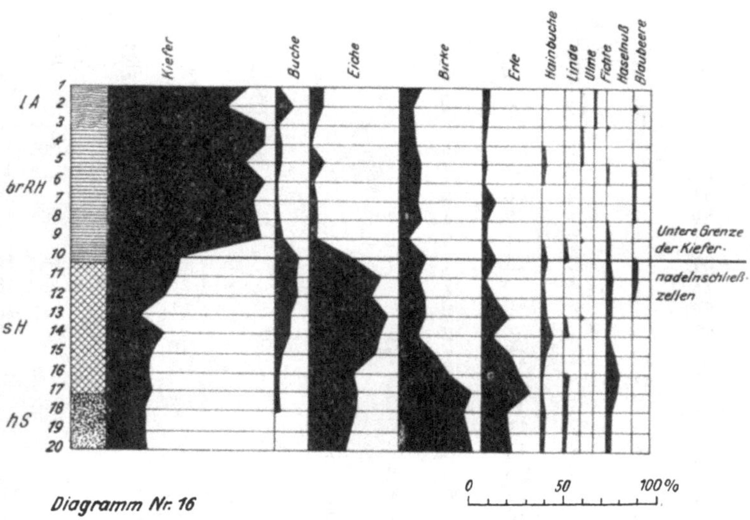

Diagramm Nr. 16

Bis zu 9 cm Tiefe sind die Kiefernwerte hoch, fallen aber im schwarzen Humus schnell ab. Die Buche, die in oberen Rohhumusschichten geringe Werte zeigt, hat in den Schichten von 10–12 cm Maximalwerte von 11–12 %, geht dann allerdings wieder zurück. Die Eiche erreicht erst mit der Buche höhere Werte, maximal in 13 cm 42 %. Birke zeigt starke Anteile in allen Schichten, eine Auswirkung der nahen Bruchschlenke, ebenso wie die Erle, die dort ursprünglich stark vertreten war. Linde taucht in der schwarzen Humusschicht auf. Schließzellen beginnen erst mit der oberen Schicht des schwarzen Humus.

Die Bestandesentwicklung geht vom Eichen-Birkenbestand aus, in den sich bald Buche einfindet. Die Buchenmaxima in den Schichten von 10–12 cm weisen auf einen sehr erheblichen Buchenanteil hin. Nach Abtrieb der Buchen-Eichenbestände erfolgt die künstliche Kultur der Kiefer.

Das archivalische Bild ist folgendes:

1790 – Buche im damaligen quadratischen Jagen als Mischholz zu Kiefer
1809/11 – Buchenbestand
1820 – Buchenbestand
1848 – Kiefernbestand

Durch die Pollenanalyse konnte auch dieses archivalische Bild erweitert werden. Die Kiefer ist um 1832 angebaut worden. Da es sich um den Adlerfarntyp handelt, der einen kleinen Eichen-Birkenbestand in einem Buchenbestand darstellte, ist auch ein Profil des Adlerfarntyps gegeben und die Humusauflage viel stärker als in den oben beschriebenen Profilen des Kiefern-Buchenwaldes.

Zur weiteren Klärung der Buchenfrage wurde etwa 700 m südlich vom Profil 16 ein Profil 16 a im Jagen 72 a am Teerofenweg entnommen.

Tabelle Nr. 16

Tiefe der Probe in cm	Pinus	Fagus	Quercus	Betula	Alnus	Carpinus	Tilia	Ulmus	Picea	Corylus	Vaccinium myrtillus	Anzahl der Baumpollen	Schließzellen
1	75	2	7	12	3				1		2	140	+
2	73	9	7	7	3				1			146	+
3	84	1	3	8	2			1	1	1		126	+
4	84	3	1	9	1	1		1				131	+
5	73	3	8	11	2	2		1		1	1	155	+
6	84	1	2	11	1	1				1	1	133	+
7	78	1	4	10	7						1	131	+
8	80	2	4	12	2					1	1	135	+
9	82	4	4	5	2	1	1	1		2		166	+
10	39	12	22	15	7	3	2			2	2	173	+
11	37	11	38	11	2	1				4	2	156	
12	31	12	34	14	7	2				3	1	136	
13	17	8	42	14	14	3	1	1		3		153	
14	31	8	38	10	5	6	2			2		166	
15	23	4	36	20	15	2				5		186	
16	23	2	24	27	20	1	3			7		169	
17	24	2	26	39	26	1	2			6		134	
18	20	3	25	35	13	2	2			3		175	
19	nicht analysiert												
20	21		20	40	17	1	1			3		136	

Profil 16 a. Kiefernbestand 109 jährig, mit einzelnen Buchen im Unterstand, nördlich eine Schlenke mit Erlen. Bodenflora vorherrschend hohes Vaccinium myrtillus. Länge des Profils 12 cm, davon 2 cm lose Auflage, 5 cm fester brauner Rohhumus, 1 cm sehr sandiger Rohhumus, 4 cm Grausand.

(s. Tabelle und Diagramm Nr. 16a)

Die Kiefernkurve hält sich im Rohhumus mit hohen Werten und hat im Grausand ein Minimum, um wieder anzusteigen. Die Buchenwerte sind im Rohhumus durchwegs sehr niedrig, steigen aber im Grausand bis 24 % an. Eine ähnliche Kurve hat auch die Eiche, während die anderen Holzarten in mäßigen Grenzen bleiben.

Tabelle Nr. 16a

Tiefe der Probe in cm	Pinus	Fagus	Quercus	Betula	Alnus	Carpinus	Tilia	Ulmus	Picea	Corylus	Vaccinium myrtillus	Anzahl der Baumpollen	Schließzellen
0	87	2	3	5	1	1			1		1	144	
1	87	2	1	8	1				1		1	88	+
2	87	4	4	3	1				3		2	115	+
3	91	3	1	2	2			1				109	+
4	86	1	3	2	5			3		1	1	111	+
5	86	1	1	3	6			2.	1		4	121	+
6	nicht analysiert												
7	91	2	3	2	1			1		1	2	117	+
8	62	5	18	9	5		1			3	4	112	+
9	nicht analysiert												
10	46	24	22	2	3	1		2		1		148	
11	nicht analysiert												
12	75	2	6	8	8			1				87	

Diagramm Nr. 16a

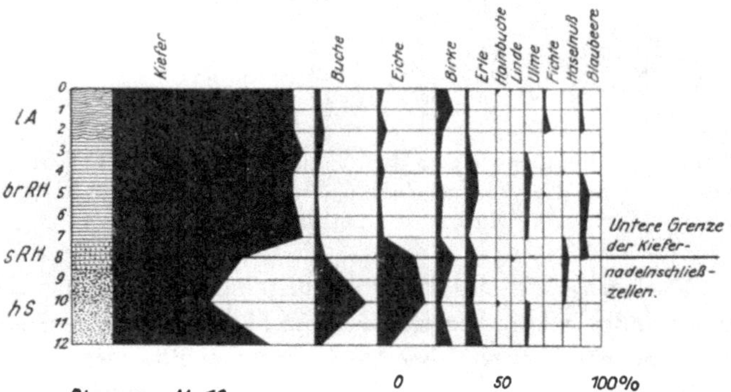

Diagramm Nr. 16a

Wenn man die obere Schicht des Grausandes hinzunimmt, so beginnt die Bestandesentwicklung mit einem Buchen-Eichenbestand, erst mit dem Einsetzen des Rohhumus gewinnt die Kiefer Oberhand, und die anderen Holzarten werden zurückgedrängt.

Hierzu der archivalische Befund:

1790 – Kiefern-Buchenmischbestand, aber in unmittelbarer Nähe ein großer Buchen-Eichenkomplex

1820 – Kiefern-Buchenmischbestand

1848 – Kiefernbestand mit Birke

Die Begründung des jetzigen Kiefernbestandes ist um 1838 anzunehmen. Das archivalische Bild zeigt nur einen Kiefern-Buchenmischbestand, der auch pollenanalytisch nachzuweisen ist. Vor diesem Kiefern-Buchenbestand muß die Buche aber in der vorarchivalischen Zeit wesentlich größeren Anteil an der Bestandeszusammensetzung gehabt haben, wenn auch die pollenanalytischen Ergebnisse aus den Grausandschichten mit großer Vorsicht ausgewertet werden müssen. Auf alle Fälle zeigt auch dieses Diagramm das natürliche Vorkommen der Buche in Grundwassernähe.

Zusammenfassend kann man also sagen, daß pollenanalytische und archivalische Untersuchungen zeigen, daß die Buche von Natur aus in Grundwassernähe vorkommt und in der Kombination mit Kiefer oder Eiche Bestände bildet, deren soziologische Stellung weiter unten untersucht werden soll.

Nach der Karte von 1769/70 ist der Nordostzipfel des Untermalz (Jagen 138 und 139, 175 und 176, 191–193) als „Gegend so aus Büchenholtz bestehet" angegeben. Diese Angabe soll durch die beiden folgenden Analysen nachgeprüft werden, denn etwas jüngere archivalische Belege geben zum Teil Kiefernaltholz mit Buche an.

Tabelle Nr. 17

Tiefe der Probe in cm	Pinus	Fagus	Quercus	Betula	Alnus	Vaccinium myrtillus	Calluna	Anzahl der Baumpollen
1	87	3	4	4	1			115
2	72	5	15	7	1			57
3	81	6	4	6	1	3		108
4	82	5	5	5	2	2		115
5	72	8	12	7		5		97
6	60	12	8	12	2	5		97
7	78	6	6	7	3	7•		116
8	76	6	6	9	2	3		114
9	75	4	5	13	3	1		115
10	64	8	12	13	2		2	179

Tilia mit 1% in 5 cm. Ulmus mit 1% in 1, 6, 8 und 10 cm, mit 2% in 6 cm. Picea mit 1% in 4 und 7 cm, mit 2% in 6 cm. Corylus mit 1% in 6, 8 und 9 cm, mit 4% in 10 cm. Schließzellen der Kiefernnadeln in allen Schichten.

Profil Nr. 17. Jagen 192a Südost. Kiefernbestand 109jährig, mit einzelnen Buchen, von Kiefernbeständen mit Buchen umgeben, im Süden reichlichere Eichenbeimischung. Die Bodenflora besteht in erster Linie aus sehr starker Blaubeere.

Diagramm Nr. 17

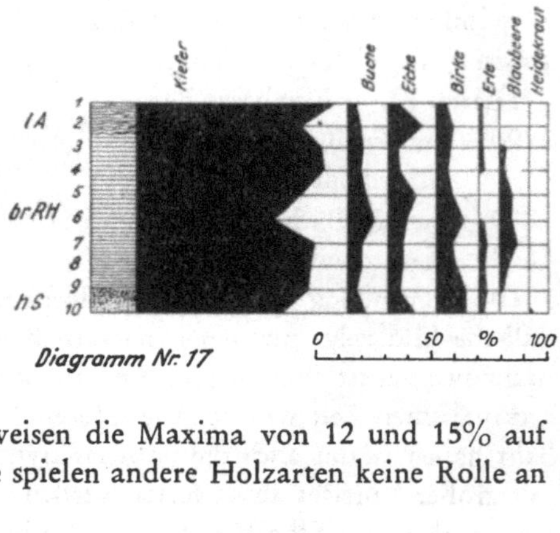

Das Profil war in der Rohhumusschicht sehr pollenarm.

Durch das ganze Profil ist die Kiefer mit relativ hohen Werten vertreten, was in Verbindung mit dem Vorhandensein der Schließzellen ihre stete Anwesenheit im Bestand zeigt. Die Buche ist auch stets vorhanden, sie erreicht in 5 cm ein Maximum mit 12%, was auf eine starke Buchenbeimischung hinweist. Die Eichenwerte halten sich zwar in relativ mäßigen Grenzen, jedoch weisen die Maxima von 12 und 15% auf stärkere Eichenbeimischung. Außer der Birke spielen andere Holzarten keine Rolle an der Bestandeszusammensetzung.

Die Bestandesentwicklung seit der Bildung der Rohhumusschicht ist ziemlich gleichbleibend, ein Mischbestand von Kiefern, Buchen, Eichen und Birken mit wechselndem Anteil der einzelnen Holzarten.

Die archivalische Feststellung eines Buchenbestandes bedarf einer Korrektur, wenngleich anzunehmen ist, daß zu der Zeit die Buche vielleicht die herrschende Holzart war, was z. B. aus der Schicht in 6 cm Tiefe durchaus erklärt werden kann.

Das archivalische Bild ist im einzelnen folgendes:

1770 – Buchenbestand (?)
1790 – Kiefern-Buchenmischbestand
1820 – Kiefer I. Altersklasse mit Buche, Eiche und Birke
1848 – Kiefer mit Birke

Die Begründung des neuen Kiefernbestandes ist um 1838 erfolgt, 1848 ist nur Birke in der Kieferndickung vorhanden. Wenn 1820 Kiefer der I. Altersklasse hier vorhanden war, muß sie auch 1770 dagewesen sein, also ist die Karte von 1770 sehr kritisch auszuwerten.

Mit Hilfe der Pollenanalyse können so Unstimmigkeiten der Bestandesgeschichte aufgeklärt werden.

Etwa 500 m südlich wurde zur Nachprüfung obiger Frage aus dem Jagen 175 a Ost ein Profil entnommen.

Tabelle Nr. 18

Tiefe der Probe in cm	Pinus	Fagus	Quercus	Betula	Alnus	Carpinus	Tilia	Ulmus	Picea	Corylus	Vaccinium myrtillus	Anzahl der Baumpollen	Schließzellen
1	92	2	3	2	1						3	119	+
2	65	4	23	6	1			1			5	177	+
3	66	4	17	9	1	2			1	1	5	158	+
4	63	4	11	15	3	2	1		1		3	165	+
5	68	3	7	15	2	4			1	1	2	159	+
6	69	1	14	8	3	1		3	1	1	3	150	+
7	74	2	11	10	1	1		1		1	4	153	+
8	70	1	10	12	3	3		1		3	2	114	
9	80	2	7	8		1		2		2	1	131	

Diagramm Nr. 18

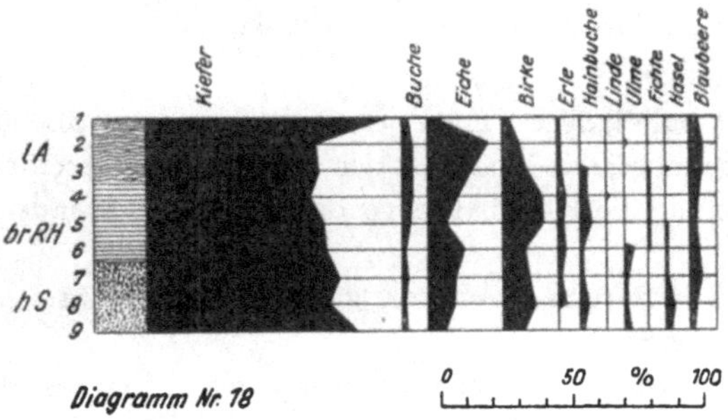

Diagramm Nr. 18

Profil Nr. 18. Jagen 175 a Ost. Kiefernbestand 140jährig mit horst- und gruppenweiser Kiefernnaturverjüngung, etwa 100 m nördlich eine Erlenschlenke, an deren Rand Alteichen. Bodenflora: hohe Blaubeere mit viel Hypnum purum.

Länge des Profils 9 cm, davon 3 cm lose Auflage, 3 cm fester brauner Rohhumus, 3 cm Grausand.

Außer mit einem Maximum in der Oberflächenschicht und in der untersten Grausandschicht ist die Kiefer mit nicht sehr hohen Werten vertreten. Die Buchenkurve zeigt nur niedrige Werte, während die Eiche in der 2-cm-Schicht ein Maximum mit 23 % zeigt, was auf die Einwirkung der Alteichen in der Nachbarschaft zurückzuführen ist. In der 4- und 5-cm-Schicht tritt die Birke etwas verstärkt auf. Alle anderen Holzarten spielen keine Rolle.

Hier in der Nähe der Ortschaft Freienhagen ist die Möglichkeit der Streuentnahme in jüngerer Zeit gegeben, die relative geringe Mächtigkeit der Rohhumusdecke und das Vorhandensein der Kiefernnaturverjüngung machen diese Annahme möglich. Jedenfalls zeigt aber die oberste Grausandschicht das Vorhandensein eines Kiefernbestandes mit Eiche, Birke und Buche.

Auf alle Fälle zeigt aber auch dieses Profil, daß die Kiefer hier stets vorhanden war und die Angabe der Karte von 1770 dahin ergänzt werden muß.

Die pollenanalytischen Untersuchungen auf den Standorten des Buchenvorkommens zeigen also, daß die Buche in Grundwassernähe als vorherrschende oder Mischholzart von Natur aus immer vorhanden war. Zugleich läßt sich auch feststellen, daß die Kiefer auf den meisten dieser grundwassernahen Standorte vorgekommen ist, daß also die Kiefer sehr weit in Grundwassernähe vordringt. Diese Tatsache grenzt den oben besprochenen Eichen-Birkenwald auf einen ganz speziellen Standort, und zwar den Adlerfarntyp ab.

c) Analysen aus dem Gebiet des Kiefern-Eichenwaldes

Ein weiterer Standortstyp wäre der, auf dem die Buche sehr zurücktritt, dafür die Kiefer unter Beimischung der Eiche und Birke in den Vordergrund tritt. Es sind das im allgemeinen etwas trockenere Böden mit einer Grundwassertiefe von etwa 2 m beim Höchststand. Der Boden ist nicht so stark podsoliert wie bei den beiden vorhergehenden Standortstypen, die Rohhumusauflage ist auch geringer. Bodenfloristisch gesehen herrscht hier auch Vaccinium myrtillus vor, doch ist z. B. Aira flexuosa viel reichlicher vertreten. An einzelnen Stellen bildet auch Vaccinium vitis idaea einen dichten Teppich.

Die Abgrenzung zu den vorhergehenden Standorten ist nicht immer leicht, es finden Durchdringungen, Übergänge und Vermischungen statt.

Archivalisch lassen sich diese buchenarmen Gebiete gut erkennen, es bleibt die Aufgabe, diese Angabe pollenanalytisch nachzuprüfen.

In diesem Gebiet befinden sich auch einige kleine Verlandungsmoore, die zur Pollenanalyse ausgewertet wurden. Es wurden 2 Moore im Jagen 64 erbohrt.

Profil 19. Moorpollenanalyse Jagen 64 b.

Das Moor im Jagen 64 b ist eine schmale langgestreckte, jetzt mit Erlen bewachsene Rinne, auf der Sphagnum sich nicht befindet, das Moor hat sein Wachstum eingestellt. Es gibt wegen seiner geringen Ausdehnung die Holzartenentwicklung der umgebenden Bestände gut wieder.

Die Tiefe des Moores betrug nur 2,30 m, und das Moor war aus durchwegs stark zersetztem Sphagnumtorf zusammengesetzt.

Die Entwicklung des Moores beginnt erst in der Eichen-Mischwaldzeit, jedoch treten

Diagramm Nr. 19

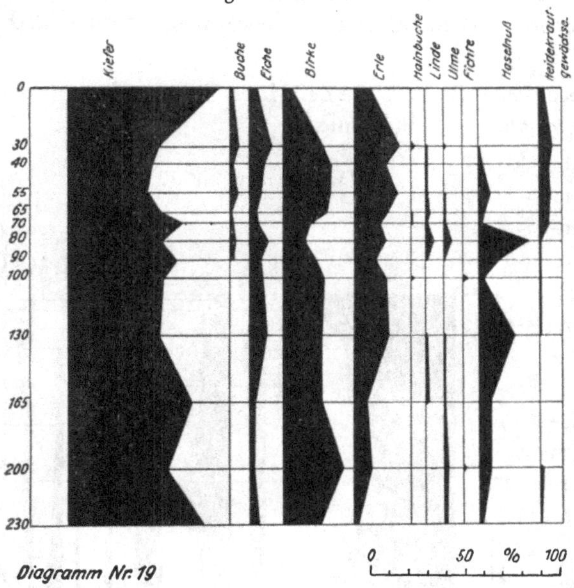

die Elemente des Eichenmischwaldes sehr spärlich auf. Kiefer ist mit 72% reichlich vertreten, sowie die Birke mit 20%. Die Anwesenheit der Schließzellen läßt auf ein unmittelbares Vorhandensein der Kiefer schließen.

Im Verlauf der weiteren Entwicklung nehmen die Birke und die Erle sehr zu, eine Tatsache, die auf ihre Anwesenheit auf dem Moor selbst zurückzuführen ist.

Gegen Ende der Eichenmischwaldzeit ist eine schwache Vermehrung der Eiche zu verzeichnen, die bis zu 10% steigt.

In 90 cm Tiefe taucht zum ersten Male die Buche auf, deren Pollenprozente sich in bescheidenen Grenzen halten (Maximum 5 %), zugleich beginnt auch die Vorherrschaft der Birke und Erle, während sich die Kiefer in durchwegs mittleren Grenzen hält. Zu beachten ist auch, daß die Linde sich bis zum Ende der Buchenzeit durchwegs hält.

Die Oberflächenprobe zeigt ein unbedingtes Vorherrschen der Kiefer, wobei auch Birke und Erle zurücktreten.

Tabelle Nr. 19

Tiefe der Probe in cm	Pinus	Fagus	Quercus	Betula	Alnus	Carpinus	Tilia	Ulmus	Picea	Corylus	Ericac.	Anzahl der Baumpollen	Schließzellen
0	80	2	4	5	9						3	112	+
30	49	5	12	21	24	2	1	1		1	7	162	
40	45	2	8	26	17		1			2	5	141	
55	40	4	6	25	23		1	1		6	6	157	+
65	50	1	4	23	18	1	2	1		3	5	170	+
70	61	2	5	15	14	1	1	1		2	5	223	+
80	50	3	10	12	17		4	4		27	1	128	+
90	58	2	6	18	12		3	1		10	1	133	
100	51		7	22	17	1			2	2	1	144	+
130	49		10	21	18		1	1		19	1	127	+
165	66		3	21	17		2	1		6		146	+
200	53		2	32	10			2	1	6	2	110	
230	72		5	20	2			1		2	1	105	+

Etwa 100 m westlich vom oben besprochenen Moor liegt in der Abteilung 64 c ein etwa 0,4 ha großes Verlandungsmoor, das mit Sphagnum bewachsen, durchaus noch Wachstum aufweist.

Profil Nr. 20. Jagen 64 c. Moorpollenanalyse. Tiefe des Moors 3,00 m, Zusammensetzung in allen Schichten aus gut zersetztem Sphagnumtorf.

Diagramm Nr. 20

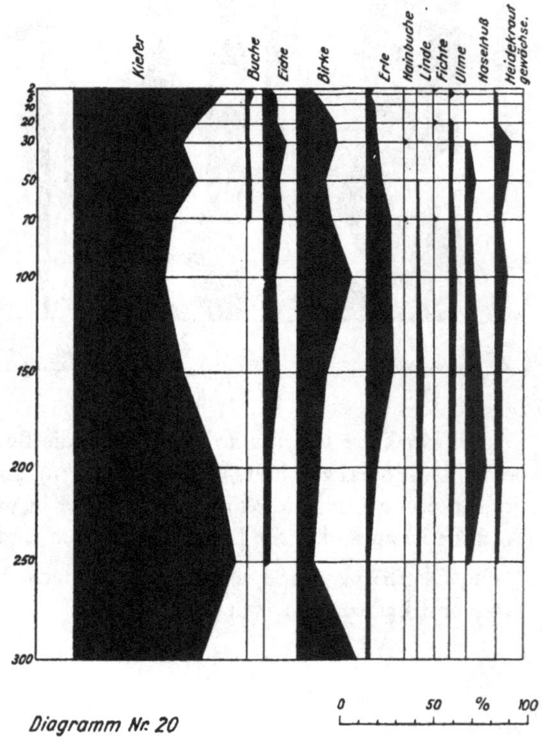

Diagramm Nr. 20

Die Moorentwicklung beginnt schon ausgangs der Kiefern-Birkenzeit. Mit dem Einsetzen der Eichenmischwaldzeit geht die Kiefernkurve merklich zurück und läßt ein Ansteigen der Birkenkurve erkennen.

Gegen Ende der Eichenmischwaldzeit findet auch hier eine Zunahme der Eiche statt. Mit dem Einsetzen der Buche fällt die Erlenkurve stark ab, und die Kiefernkurve beginnt zu steigen.

Aus den Analysen der beiden benachbarten Moore läßt sich in großen Zügen ziemlich parallele Entwicklung herauslesen.

Die Kiefer beginnt in den allerältesten Schichten mit hohen Prozenten, fällt gegen Ende der Eichenmischwaldzeit ab und steigt erst im letzten Abschnitt der Holzartenentwicklung.

Tabelle Nr. 20

Tiefe der Probe in cm	Pinus	Fagus	Quercus	Betula	Alnus	Carpinus	Tilia	Picea	Ulmus	Corylus	Ericac.	Anzahl der Baumpollen	Schließzellen
2	82	2	3	7	4			2				77	
5	78	3	6	10	1				2	1	1	113	+
10	74	1	7	14	4						1	127	
20	64	1	7	20	5			1	2		1	146	
30	57	1	12	21	6	1			2	2	8	124	+
50	65	2	8	15	8		1		1	5	6	138	+
70	52	2	10	18	13	1	1	1	2	3	3	173	+
100	48		6	29	13		1		3	4	6	168	
150	58		8	15	14		3		2	8	2	206	+
200	77		3	11	5		2		2	10	3	188	+
250	86		3	8	1		1		1	2	1	120	
300	68			31	1							100	+

Es folgt daraus, daß die Kiefer schon immer hier war, derartig hohe Prozente kommen als Folge der Ferntransporte im Flachland nicht in Frage, wohl kann man aber annehmen, daß die auf dem Moor selbst wachsenden Kiefern das Pollenbild beeinflußt bzw. bestimmt haben. Auch weisen in allen Moorschichten anwesende Schließzellen auf ihr Vorhandensein auf dem Moor hin.

Die Buche findet sich nur spärlich in den oberen Schichten der Moore, sie wird in der Umgebung keine Rolle gespielt haben.

Bei der Eiche ist der Anstieg gegen Ende der Eichenmischwaldzeit und zu Anfang der Buchenzeit bemerkenswert, ihre Pollenwerte sind nicht hoch, aber aus ihnen läßt sich mindestens eine starke Beimischung dieser Holzart herleiten.

Bei der Birke kann man ebenfalls im Zweifel sein, ob sie auf dem Moor oder in der Umgebung gestockt hat.

Die Erle zeigt nur im Profil Nr. 19 eine Dominanz, hier wird sie auf dem Moor gestockt haben.

Auffallend gering ist die Hainbuche vertreten, sie wird wahrscheinlich nur in einzelnen Exemplaren an den Rändern der benachbarten Erlenbrücher vorhanden gewesen sein.

Auch die Linde war seit der Eichenmischwaldzeit vertreten, verschwindet aber in der Buchenzeit, wohl als Folge einseitiger Nutzung. Es ist zu bemerken, daß die Linde im ganzen Untersuchungsgebiet heute bis auf ganz wenige Exemplare verschwunden ist, während sie in anderen grundwassernahen Waldungen des Havellandes sich noch reichlich gehalten hat.

Das Auftreten des Ulmenpollens ist spärlich und unregelmäßig. Die Hasel, die sich in der Eichenmischwaldzeit ausbreitet, geht in der Buchenzeit sehr zurück. Aus dem vereinzelten Auftreten des Fichtenpollens lassen sich keine Schlüsse ziehen.

Die Lösung der Frage der natürlichen Zusammensetzung der beide Moore umgebenden Bestände wird dadurch erschwert, daß der Pollenniederschlag der auf den Mooren stockenden Kiefern und Birken in Rechnung zu setzen ist.

Nach Hesmer (23) kann man schon bei einem Prozentgehalt der Eiche von 14 auf Bestände mit vorwiegend Eiche schließen.

Um die obigen Fragen zu klären, wurde zwischen den Mooren ein Rohhumusprofil untersucht.

Tabelle Nr. 21

Tiefe der Probe in cm	Pinus	Fagus	Quercus	Betula	Alnus	Tilia	Ulmus	Picea	Ericac.	Anzahl der Baumpollen	Schließzellen
1	86	1	3	6	2		1	1		124	+
2	78		3	13	3		2	1	1	120	+
3	81		5	11	2		1		6	124	+
4	81	1	3	12	3				3	141	+
5	75		5	12	6	1		1	8	128	+
6	83		3	9	2	3			2	102	+
7	79		1	14	5	1			3	241	+
8	71		1	27	1				1	166	+
9	61			35	4					195	

Profil Nr. 21. Jagen 64 a. Kiefernbestand 90jährig mit einigen wenigen Buchen im Unterstand. Bodenflora vorwiegend Blaubeere.

Länge des Profils 9 cm, davon 2 cm lose Auflage, 6 cm Rohhumus, 1 cm Grausand.

Die Kiefernkurve zeigt die unbedingte Vorherrschaft der Kiefer bis in die Grausandschicht. Buche ist kaum vertreten, Eiche etwas mehr, Birke zeigt hohe Werte, besonders in den beiden untersten Schichten, Erle hält sich in mäßigen Grenzen. Hainbuche und Hasel sind nicht vertreten, dagegen zeigt sich die Linde in den Schichten von 5–7 cm.

Diagramm Nr. 21

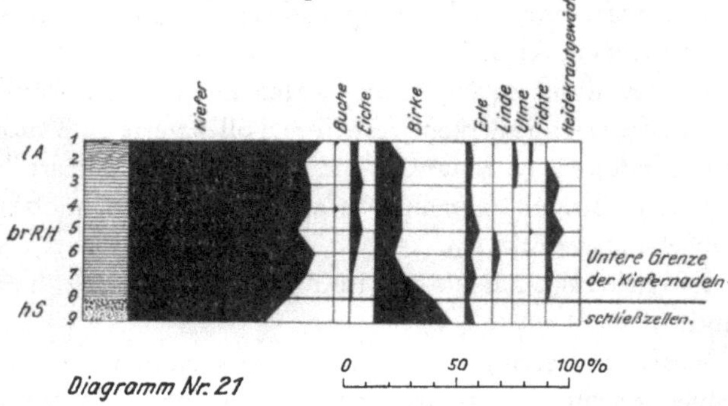

Beim Vergleich der Rohhumus- und Mooranalysen kann man im großen ganzen einen gleichsinnigen Verlauf der Holzartenkurven feststellen. Besonders dürfte das Auftreten der Linde in bestimmten Rohhumusschichten zur Datierung benutzt werden können. Aus den Mooranalysen ersieht man, daß die Linde von der Eichenmischwaldzeit bis in die Buchenzeit hineingeht und in der frühen Buchenzeit im Profil Nr. 19 sogar ein Maximum von 4% erreicht. Es lassen sich so Rohhumusschichten mit einem Lindenmaximum mit den entsprechenden Moorschichten in Beziehung bringen und so das Alter der untersten Rohhumusschichten auf die frühe Buchenzeit datieren.

Das archivalische Bild des Jagens 64 ist folgendes:

1770 – Kiefern-Eichenbestand
1790 – Kiefern und Birken
1820 – Kiefern und Birken
1848 – Kiefern mit einigen Birken

So zeigt auch das archivalische Bild die stete Anwesenheit der Kiefer und das Zurücktreten der Buche und ist somit mit dem pollenanalytischen Bild besonders des Rohhumus gut in Einklang zu bringen.

Um noch an anderen Stellen die Holzartenentwicklung im buchenarmen Gebiet zu prüfen, wurde im Jagen 101 Ost das Profil Nr. 22 entnommen.

(s. Tabelle Nr. 22)

Profil Nr. 22. Jagen 101 Ost. Kiefernbestand 120jährig mit einzelnen unterständigen Buchen. Ringsherum alles Kiefernbestände. Boden mit Vaccinium vitis idaea und Vaccinium myrtillus bewachsen.

Länge des Profils 11 cm, davon 2 cm lose Auflage, 5 cm fester brauner Rohhumus, 4 cm Grausand.

Tabelle Nr. 22

Tiefe der Probe in cm	Pinus	Fagus	Quercus	Betula	Alnus	Carpinus	Corylus	Vaccinium myrtillus	Calluna	Anzahl der Baumpollen
1	82	3	4	11				4		127
2	88	2	3	2	3			5		114
3	87		4	5	2	1		8		111
4	87	1	6	4	1		2	5		115
5	94		3	3				7		125
6					nicht analysiert					
7	88		8	2	2		1	2		108
8	78	2	14	4	1	1	1			176
9					nicht analysiert					
10	86	1	8	4	1					116
11	72		10	14	2	2	2		2	138

Ulmus je 1% in 3 und 4 cm. Picea 2% in 2 cm. Schließzellen der Kiefer von 1 bis 7 cm einschließlich.

Die Kiefernwerte sind stets dominant, Buche findet sich sehr spärlich, Eiche erst stärker im Grausand, Birke in der obersten und untersten Schicht. Linde ist nicht anzutreffen.

Diagramm Nr. 22

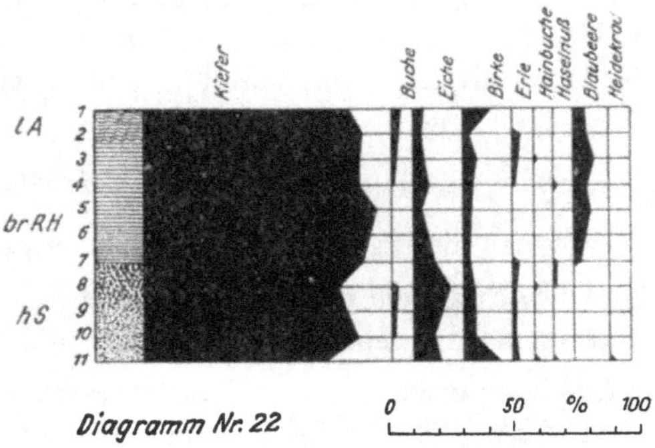

Das Pollenbild zeigt ein stetes Vorherrschen der Kiefer. Eiche und Birke hatten keinen großen Anteil, Buche tritt ganz zurück.

Die archivalischen Belege sind folgende:

1790 — Kiefer mit etwas Buche
1820 — Kiefer mit Eiche und Buche
1848 — Kiefer und Birke

Die Bestandesbegründung ist um 1827 anzunehmen, Vorbestand war also ein Kiefernbestand mit etwas Eiche und Buche.

Die pollenanalytischen und archivalischen Untersuchungen ergeben gleichsinnig ein Vorherrschen der Kiefer, und als nächsthäufigste Holzart die Eiche, auch ein geringes Vorhandensein der Buche ist festzustellen, ohne daß es zu ausgesprochenen Kiefern-Buchenmischbeständen kommt.

Für die Holzartenentwicklung der Bestände der Niederung, in denen archivalisch ein Erlenwald nachgewiesen wurde, konnten wegen der schon oben erwähnten Zersetzung der Pollen keine pollenanalytischen Beispiele angeführt werden. Nur einmal gelang es, aus einem künstlichen Birkenbestand im Jagen 121 a ein kurzes Profil zu analysieren.

Profil Nr. 23. Birkenbestand 40 jährig, mit einigen Eichen.

Länge des Profils 5 cm: Bruchwaldhumus mit Sand gemischt. Bodenflora vorherrschend Deschampsia caespitosa.

Tabelle Nr. 23

Tiefe der Probe in cm	Pinus	Fagus	Quercus	Betula	Alnus	Carpinus	Picea	Ericac.	Anzahl der Baumpollen
1	22	3	2	69	4				145
2	8	1	3	83	5				135
3	31	2	2	62	2	1			137
4	41		13	41	4		1	1	53
5	30	1	6	58	5				112

Die geringen Kiefernwerte zeigen, daß diese Holzart nicht an Ort und Stelle vorhanden war, aus ihnen kann man aber auf den Anteil der Kiefer am Nahtransport der Pollen schließen. Buche macht sich nicht stark bemerkbar. Ebenso ist die Erle erstaunlicherweise trotz der großen Nähe der Erlenbrücher nur gering vertreten, auch die Eiche zeigt keine hohen Werte, außer in den beiden untersten Schichten, in denen die Eichenwerte ansteigen.

Zu bestandesgeschichtlichen Feststellungen lassen sich solche Profile schlecht verwerten, da hier die Zersetzung sehr schnell vor sich geht und keine kontinuierliche Ablagerung der Streu, die zur Rohhumusbildung führt, auf diesen Standorten gegeben ist.

d) Zusammenfassung der Ergebnisse der Pollenanalysen

Faßt man die Ergebnisse aller Pollenanalysen zusammen, so ergibt sich folgendes:

1. Auf beschränkten und ganz bestimmten Standorten ist ein Eichen-Birkenwald vorgekommen, in dem Hainbuche, Buche und Kiefer gering vertreten waren.
2. Auf Standorten mit einer Grundwassertiefe um 1,50 m ist ein Buchen-Eichen- und ein Kiefern-Buchen-Eichenwald nachzuweisen.
3. Auf Standorten mit einer Grundwassertiefe von etwa 2 m ist ein Kiefern-Eichenwald mit Beimischung der Birke nachzuweisen, der durch Übergänge mit den vorher erwähnten Waldgesellschaften verbunden ist.
4. Für jede der Waldgesellschaften sind die Rohhumusablagerungen in Stärke und Beschaffenheit verschieden. Den Beginn der gesamten organischen Ablagerungen kann man in der frühen Buchenzeit annehmen, manchmal auch später.
5. Pollenanalytische und archivalische Untersuchungen stimmen weitgehend überein.
6. Auf Bruchböden mit guter Streuzersetzung ist die pollenanalytische Methode nicht anwendbar.

Mit Absicht sind die pollenanalytischen Befunde der Grausandschichten möglichst wenig zur Bestandesgeschichte herangezogen worden, sie stellen keine kontinuierlichen Ablagerungen dar und ist der Pollen von oben zusammen mit dem Humus eingewaschen worden, wobei es gar nicht sicher ist, ob das unterste Pollenspektrum auch das älteste ist.

Die Spektren der Grausandschichten weisen trotzdem manche gemeinsame Züge auf.

Einmal fehlt Buche in den meisten Profilen im Grausand; wo sie vorhanden ist, handelt es sich um ausgesprochene Buchenstandorte.

Der Anteil der Eiche schwankt sehr im Grausand, im allgemeinen ist er höher als in jüngeren Rohhumusschichten. Der Birkenanteil ist sehr oft höher als in jüngeren Schichten, während der Anteil der Erle in weiten Grenzen schwankt. Hainbuche taucht wiederholt, wenn auch mit geringen Prozenten, im Grausand auf.

Das auffallendste ist aber, daß im Grausand die Linde mit großer Regelmäßigkeit auftritt, in einigen Profilen mit erheblichen Werten, z. B. im Profil Nr. 8 bis zu 47%. Besonders auffallend ist diese Erscheinung in den Profilen des Eichen-Birkenwaldes.

Ulmenpollen kommen hier und da im Grausand vor, während Fichtenpollen im Grausand nicht beobachtet werden konnten. Dagegen ist Haselpollen sehr regelmäßig im Grausand anzutreffen.

Weiter ist bemerkenswert, daß im Grausand von Ericaceenpollen fast nur Callunapollen angetroffen wird, und zwar oft in größerer Anzahl namentlich in den Profilen der Buchenmischbestände. Pollen von Vaccinium myrtillus hört meist mit dem Rohhumus auf, und nur in einigen Fällen geht er in die oberste Grausandschicht.

Schließzellen der Kiefernnadeln sind nur in den alleroberste n Schichten des Grausandes anzutreffen.

Die Abwesenheit der Buche in den meisten Grausandprofilen weist darauf hin, daß die Einschwemmung der Pollen in der Eichenmischwaldzeit geschah, damals muß auch die Linde eine sehr viel größere Ausbreitung gehabt haben. Dann muß zu bestimmter Zeit Calluna einen wesentlichen Anteil an der Bodenflora gehabt haben, es läßt sich aber nicht ohne weiteres sagen, ob dies zur Eichenmischwaldzeit der Fall war.

Jedenfalls war aber in der Buchenzeit auf den betreffenden Standorten, ebenso wie heute, die Blaubeere wesentlich am Aufbau der Bodenpflanzengesellschaft beteiligt.

Ein Vergleich mit den Ergebnissen von Werth und Baas (49) aus Finkenkrug bei Berlin läßt sich nicht ziehen, da offensichtlich ihre Profile gestört sind. Die Trockentorfbänkchen in der obersten Schicht humoser Sande weisen darauf hin. In 14,8 cm Tiefe im humosen Sand ist auch hier ein Ericaceenmaximum (Calluna) von 44% vorhanden.

Engmann (11) findet in Südwestmecklenburg in A 1-, A 2- und B-Horizonten hohe Linden- und „Tetraden"-, sicherlich Callunaprozente.

C. ERGEBNISSE DER PFLANZENSOZIOLOGIE

I. Einleitung und Methodik

Schon bei der Besprechung der pollenanalytischen Ergebnisse wurde auf die Bodenflora hingewiesen, da ohne ihre Kenntnis die Beurteilung der Rohhumusauflagen leicht zu falschen Schlüssen führt.

In der Lebensgemeinschaft des Waldes spielen die Bodenpflanzen eine wichtige Rolle und geben viele Hinweise auf die Standortsverhältnisse.

Mehr noch als die einzelnen Arten haben Pflanzengesellschaften für eine waldkundliche Betrachtung eine Bedeutung.

Da zu einer Waldpflanzengesellschaft auch die Holzarten gehören, und wie gezeigt wurde, oft ein künstlicher Wechsel in der Holzartenzusammensetzung erfolgt ist, so ist eine der wichtigsten Aufgaben zu untersuchen, welche Bodenpflanzengesellschaften und welche Holzarten von Natur aus zusammen vorkommen, damit man wieder umgekehrt den Schluß von der Bodenpflanzengesellschaft auf die natürliche Holzartenzusammensetzung ziehen kann.

Sowohl in der Ausscheidung der Bodenpflanzengesellschaften wie auch in deren Zuordnung zu bestimmten natürlichen Holzartenkombinationen besteht in Europa, aber auch in Deutschland keine Einheitlichkeit.

Diese Uneinheitlichkeit ist von den verschiedenen Ausgangspunkten der einzelnen Forscher bedingt und von der Annahme, daß eine bestimmte aufgestellte Holzartenkombination eine natürliche ist, was aber nicht immer der Fall zu sein braucht.

Sind in Nord- und Osteuropa die Waldgesellschaften relativ artenarm und unterscheiden sich floristisch oft sehr wenig, so werden in Mitteleuropa die floristischen Unterschiede groß, besonders im Gebirge.

Es ist das in West- und Mitteleuropa entstandene System von Braun-Blanquet, das sich in erster Linie floristisch auf sogenannte Charakterarten stützt und äußerst logisch eine Einteilung der Pflanzengesellschaften gibt, auch auf die gleichförmigeren Verhältnisse Nord- und Osteuropas anzuwenden, führt aber dort zu sehr großen Einheiten, die man natürlich auch nach diesem System weiter zerlegen kann, wobei aber von dieser Möglichkeit besonders in Ostdeutschland wenig Gebrauch gemacht wurde.

Weiter ist in diesem System die Benennung der Waldgesellschaften nach natürlichen, dort vorkommenden Holzarten erfolgt, sie führt zur Benennung, die in der Gegend, in der sie zuerst erfolgt ist, vielleicht richtig ist, in anderen Gegenden, in denen andere Holzarten hinzutreten, nicht mehr haltbar ist. Dann ist bei der Benennung von der angeblichen Vorherrschaft einzelner Holzarten ausgegangen worden, wobei aber weder durch archivalische noch durch pollenanalytische Untersuchungen nachgewiesen worden ist, daß diese Holzarten wirklich die natürlichen sind und nicht im Laufe der Jahrhunderte durch menschliche Eingriffe gefördert worden sind.

Die Aufstellung der Pflanzengesellschaften nach der in Schweden entstandenen Schule führt zu kleinen Einheiten, deren Mannigfaltigkeit verwirrend ist.

Die finnischen Waldtypen nach Cajander, deren Aufstellung nach allen Seiten sehr gut fundiert worden ist, berücksichtigen nicht die verschiedenen Holzarten, so daß sie nicht ohne weiteres übernommen werden können.

Dagegen kann man sagen, daß die russischen Waldtypen nach Sukatschew eine recht gute Einteilung nach Waldgesellschaften gegeben haben, da namentlich auch forstliche Gesichtspunkte mit berücksichtigt worden sind.

Unser Untersuchungsgebiet liegt im Westen des natürlichen Verbreitungsgebietes der Kiefer, es liegt in einem Übergangsgebiet, und es ist hier zu untersuchen, welche Einteilungsprinzipien am besten anzuwenden sind, namentlich auch für ihre Anwendung in der forstlichen Praxis.

Die hauptsächlich von Tüxen (45) vertretene Auffassung nach Braun-Blanquet, die von Hausendorff (21) auf märkische Verhältnisse angewandt wurde, soll an diesem Untersuchungsobjekt auf ihre Anwendungsmöglichkeit in grundwassernahen Beständen untersucht werden.

Tüxen bevorzugt die Kombination Eiche-Hainbuche und gibt der Buche nur Raum auf bestimmten Standorten. Das Querceto-Carpinetum Tüxens enthält zwei ökologisch sehr verschiedene Gesellschaften, den grundwassernahen Stieleichen-Hainbuchenwald, der auch im Untersuchungsgebiet vorkommt, und den auf trockeneren Höhenböden vorkommenden Eichen-Hainbuchenwald, in dem die Traubeneiche wahrscheinlich die natürliche Eichenart ist.

Während die Stellung des grundwassernahen Stieleichen-Hainbuchenwaldes ganz klar und eindeutig ist, ist die floristische Abgrenzung des Eichen-Hainbuchenwaldes der Höhen gegenüber einem natürlichen Buchenwald oft sehr schwierig. Bei der Benachteiligung der Buche durch Tüxen erscheint ein natürlicher Buchenwald auf vielen Stellen gar nicht, wo er von Natur zweifellos da war.

Entgegengesetzt mancher Ansicht ist die Buche eine Holzart, die eine große ökologische Breite hat, bei genügender Versorgung mit Feuchtigkeit besiedelt sie in klimatisch bestimmten Gebieten fast alle Böden, sofern sie nicht zu arm sind. So finden sich unter der Buche Pflanzengesellschaften, die denen des Kiefernwaldes oder in West- und Nordwestdeutschland denen des Eichen-Birkenwaldes gleichen.

Wie oben gezeigt wurde, kommt die Buche im Untersuchungsgebiet in Grundwassernähe von Natur aus vor. Da diese Waldgesellschaft der Bodenflora nach sehr einem Kiefernwald gleicht, würde sie dort unterzubringen sein. Wie die forstlichen Erfahrungen aber zeigen, entwickeln sich Kiefern-Buchenmischbestände zu Beständen mit vorwiegend Buche. Die Buche hat, sich selbst überlassen, eine sehr große Konkurrenzkraft.

Diese Konkurrenzkraft darf bei der Einteilung der Waldgesellschaften, bei denen es nicht nur auf eine Einteilung nach der Bodenflora, sondern auch auf eine Einteilung nach natürlichen Holzarten ankommt, nicht außer acht gelassen werden. Es muß z. B. der Buche, da sie die Ökologie der Waldgesellschaft, in der sie verstärkt auftritt, weitgehend bestimmt, eine größere Wertigkeit gegeben werden als irgend welchen sehr selten vorkommenden Bodenpflanzen.

Die Natur durchbricht eben alle noch so logisch aufgebauten Systeme und zeigt, daß diese doch nicht so vollkommen sind.

Weiter besteht das Problem der Abgrenzung des sogenannten Eichen-Birkenwaldes und des Kiefernwaldes, besser gesagt, des Kiefernmischwaldes, also einer Waldgesellschaft, in der die Kiefer eine wichtige Rolle spielt, und daneben von Natur aus auch Eiche, Birke und andere Laubhölzer vorkommen.

Die Notwendigkeit der Aufstellung einer Kiefernwaldgesellschaft ist auch nicht bestritten worden. Aber wo hört dieser Kiefernwald auf und beginnt der Eichen-Birkenwald? Bodenfloristisch ist diese Frage nicht einfach zu lösen. Zweifellos ist die natürliche westliche Verbreitungsgrenze der Kiefer eine wichtige Linie, weiter westlich dürfen wir eine natürliche Kiefernwaldgesellschaft nicht annehmen. Aber wie weit dringt der Eichen-Birkenwald nach Osten?

Tüxen unterscheidet einen Stieleichen-Birken- und einen Traubeneichen-Birkenwald. Beide Gesellschaften kommen zweifellos östlich der Westgrenze der Kiefer vor, der Stieleichen-Birkenwald in feuchten, der Traubeneichen-Birkenwald in trockenen Lagen.

Im Untersuchungsgebiet konnte nachgewiesen werden, daß der Stieleichen-Birkenwald sich nur auf ganz spezielle Standorte beschränkt und somit östlich der Westgrenze der Kiefer keine Rolle mehr spielt.

Weiter mußte wegen des nachgewiesenen großen Vorkommens der Buche im Untersuchungsgebiet ein grundwassernaher Buchenwald aufgestellt werden.

Aus oben Gesagtem ergibt sich die Notwendigkeit einer zwanglosen natürlichen Einteilung der Waldgesellschaften.

Soll die Pflanzensoziologie nur eine Wissenschaft an sich sein, so könnten derartige Erörterungen unterbleiben. Je nach Forschungsrichtung würden unsere Wälder nach der einen oder anderen Methode untersucht, vielleicht auch kartiert werden. Die Vergleichsmöglichkeit würde dann fehlen und für die Praxis wenig herauskommen.

Die forstliche Praxis, besonders der Waldbau, verlangt aber auch von seiten der forstlichen Vegetationskunde Unterlagen für die waldbauliche Planung. Unter Berücksichtigung der natürlichen Holzarten soll ein naturgemäßer Wirtschaftswald entstehen.

Da archivalische Untersuchungen nach der natürlichen Holzartenzusammensetzung nur in wenigen Fällen möglich sind und auch Pollenanalysen nicht überall vorgenommen werden können, müssen möglichst die Bodenpflanzengesellschaften Auskunft auf die Frage nach der natürlichen Waldgesellschaft geben.

Dieses setzt voraus, daß zu jeder Bodenpflanzengesellschaft die entsprechende natürliche Holzartenkombination erforscht wird.

Weiter müssen die Bodenpflanzengesellschaften in ihrer Abgrenzung Standortseinheiten und den natürlichen Holzartenkombinationen entsprechen. Zu große Einheiten erfüllen diese Forderung nicht, müssen also nach bestimmten Gesichtspunkten aufgeteilt werden.

So muß neben dem floristischen Kriterium der Charakterarten, zu denen die natürlichen Holzarten auf alle Fälle gehören müssen, und zwar mit einer besonders hohen Wertigkeit, auch das sehr wichtige Kriterium der charakteristischen Artenkombination, wenn notwendig auch der Dominanz, hinzukommen.

Wie schon betont, müssen die besonders für eine Waldgesellschaft wichtigen Arten auch besonders hervorgehoben werden, da sie die Waldgesellschaft bzw. deren Untereinheiten in erster Linie charakterisieren.

Nur das vollständige Vorkommen dieser „Hauptarten" auf einer größeren Fläche läßt die Zuordnung zu einer Waldgesellschaft oder zu einer ihrer Unterabteilungen, zu einem „Typ" zu.

Diese Kombination der Hauptarten setzt sich zusammen aus:

1. charakteristischen Arten, d. h. Arten, die für diese Waldgesellschaft bzw. Typ besonders kennzeichnend sind,
2. konstanten Arten, die immer oder fast immer da sein müssen,
3. bei feineren Typenunterscheidungen auch dominante Arten, deren Dominanzbedingungen aber in jedem Fall untersucht werden müssen.
4. Differentialarten, die Typen trennen.

Nach diesen Gesichtspunkten läßt sich eine zwanglose natürliche Einteilung unserer Wälder in Waldgesellschaften und diese weiter in Typen geben.

Die Waldgesellschaften werden durch die natürliche Holzartenkombination, die Typen durch die Hauptarten bestimmt.

Die Benennung der Waldgesellschaften erfolgt nach den dominanten natürlichen Holzarten, die der Typen nach vorherrschenden Arten der Bodenflora oder besonders charakteristischen Kombination weniger Arten.

Im Untersuchungsgebiet sind nach erfolgter Grundlage durch archivalische und pollenanalytische Untersuchungen eine Reihe von Waldgesellschaften anzutreffen, deren Betrachtung mit der nässesten begonnen werden soll unter Angabe der Hauptarten mit den durchschnittlichen Deckungsgraden nach der Skala von Braun-Blanquet.

II. Waldgesellschaften (dazu Karten 24 bis 29)

1. Erlenwald (Alnetum)

Im Untersuchungsgebiet ist ein Erlenwald noch heute sehr verbreitet, und wie es die archivalischen Forschungen ergeben haben, war seine Verbreitung in früheren Zeiten noch größer. Intensive Entwässerung der ganzen Gegend hat sein Areal eingeschränkt.

Diese Entwässerungen müssen schon eine Sukzession der Pflanzengesellschaften an manchen Stellen hervorgerufen haben, denn auf früheren Erlenwaldflächen ist heute die Bodenflora eines Stieleichen-Hainbuchenwaldes anzutreffen, wie überhaupt diese beiden Waldgesellschaften durch zahlreiche Übergänge miteinander verbunden sind und ihre Trennung stellenweise nicht immer einfach ist.

Die Waldgesellschaft des Erlenwaldes wird durch die natürliche Dominanz der Erle bestimmt, zu der auf manchen Typen noch Esche, Birke vereinzelt auch Stieleiche treten können.

Geht man von dem nässesten im Untersuchungsgebiet vorhandenen Typ des Erlenwaldes, dem Erlensumpf aus, so ist die Abgrenzung dieses Typs leicht.

		D = Dominanz nach Braun-Blanquet
Hauptarten:	Alnus glutinosa	3–5
	* Carex acutiformis	4
	* Carex elongata	1–3
	* Glyceria fluitans	1
	Solanum dulcamara	1–2
	* Symphytum officinale	1
	* Iris pseudacorus	1
	Aspidium thelypteris	1
	Peucedanum palustre	1
	* Eupatoria cannabinum	1–3
	Humulus lupulus	1
	* Equisetum limosum	1
	Chrysosplenium alternif.	1

Begleiter mit geringer Konstanz:

Rhamnus frangula 1–2, Prunus padus 1, Carex vesicaria 1, Carex muricata 1, Carex stricta 1–2, Impatiens noli tangere 1–3, Lysimachia vulgaris 1, Lycopus europaeus 1, Lysimachia nummularia 1, Lythrum salicaria 1, Hottonia palustris 1, Deschampsia caespitosa 1, Urtica dioica 1, Cirsium palustre 1, Caltha palustris 1, Scutellaria galericulata 1, Phragmites communis 1–4, Calamagrostis lanceolata 1, Myosotis palustris 1, Mnium undulatum 2, Mnium cuspidatum 1, Mnium hornum 1, Calliergon cuspidatum 1, Brachytecium rutabulum 1, die letztgenannten Moose könnte man in die Gruppe der Hauptarten einreihen.

Dazu kommen noch eine Reihe von Arten sehr geringer Konstanz.

Man kann auch den Erlensumpf als den Großseggentyp des Erlenwaldes ansprechen, da die Großseggen, in erster Linie Carex acutiformis, den Aspekt des Typs bestimmen, an lichten Stellen Glyceria fluitans, Phragmites communis oder Eupatoria cannabinum Fazies bilden können.

Dieser im Untersuchungsgebiet vorkommende Großseggentyp des Erlenwaldes stimmt gut mit dem Alnetum glutinosae typicum Tüxens (45) überein.

Besondere ökologische Kennzeichen dieses Typs sind: Im Winter und Frühjahr steht das Grundwasser über der Erdoberfläche, geht aber im Sommer zurück, so daß man trockenen Fußes hindurchgehen kann. An den Erlensockeln findet eine Entwicklung ökologisch anders bestimmter Gesellschaften statt mit Auftreten von Moosen wie Sphagnum centrale und acutifolium, Leucobryum glaucum, Polytrichum formosum,

---

* Differentialarten gegenüber dem Urticatyp.

Mnium hornum, Hylocomium splendens und Besiedlung mit Aira flexuosa und Vaccinium myrtillus.

Die Holzartenzuordnung zu diesem Typ, dessen Ökologie ausschließlich durch die überreiche Feuchtigkeit bedingt wird, ist einfach. Hier hat die Erle immer vorgeherrscht, an den etwas trockeneren Stellen und Rändern die Esche. Sonstige Holzarten waren nur an den Rändern vertreten.

Der Boden ist ein organischer Naßboden mit einem A-G-Profil, durchschnittlich 50 cm Flachmoortorf auf Talsand mit Gleiflecken. Das pH des Torfes ist durchschnittlich 6,7.

Tritt das Grundwasser im Winter und Frühjahr nicht mehr über die Bodenoberfläche, so treten die ausgesprochenen Sumpfpflanzen zurück und andere, man könnte sagen Bruchpflanzen gewinnen die Oberhand. Auch diese Standorte haben nach archivalischen Untersuchungen die Erle als Hauptholzart getragen, man könnte diesen Typ als Erlenbruch bezeichnen.

		D
Hauptarten:	Alnus glutinosa	3—5
	Rhamnus frangula	2
	Betula pubescens	1
	Fraxinus excelsior	1
	* Urtica dioica	4—5
	* Oxalis acetosella	2—3
	* Galium aparine	1
	Aspidium thelypteris	1
	* Poa pratensis	1
	Ribes nigrum	1—2
	* Cardamine amara	1—2
	* Mercurialis perennis	1—3
	Cirsium palustre	1
	Möhringia trinervia	1
	Deschampsia caespitosa	1
	Mnium undulatum	2—4
	Brychythecium rutabul.	2

Daneben: Geranium Robertianum 1, Glechoma hederacea 1, Solanum dulcamara 1, Rubus idaeus 1, Aspidium spinulosum 1, Galeopsis tretrahit 1, Hydrocotyle vulgare 1, Athyrium filix femina 1, Lysimachia vulgaris 1, Impatiens noli tangere 1, Peucedanum palustre 1, und einige wenige Arten geringer Bedeutung.

Gegenüber dem Erlensumpf ist das Auftreten von Oxalis acetosella, Cardamine amara und Mercurialis bemerkenswert gegenüber dem nächstfolgenden Typ das Zurücktreten von Deschampsia caespitosa.

Die Holzartenzuordnung zu diesem Typ ist eindeutig, die Erle ist die vorherrschende natürliche Holzart, zu der sich Esche und Birke hinzugesellen.

---

* Differentialarten gegenüber dem Großseggentyp.

Der Boden ist noch als organischer Naßboden zu bezeichnen mit einem A-G-Profil. 20—30 cm Bruchwaldhumus mit pH von durchschnittlich 6,2 liegen auf dem Talsand, der mit Gleiflecken durchsetzt ist. Das Grundwasser erreicht beim Höchststand gerade die Erdoberfläche.

Zweckmäßig bezeichnet man diesen Typ als den *Urticatyp* des Erlenwaldes.

Schwieriger wird die Zuordnung zu einer natürlichen Holzartenkombination und damit zu einer Waldgesellschaft beim nächstfolgenden Typ, der durch Vorherrschaft von Deschampsia caespitosa gekennzeichnet ist. Auf Grund der archivalischen Forschungen kann man feststellen, daß hier die Erle dominant gewesen ist und heute findet man noch genug Bestände mit Erle als herrschende Holzart auf diesem Typ. Floristisch sind auch zum nächstfolgenden Stieleichen-Hainbuchenwald Unterschiede gegeben, so daß man diesen Deschampsia caespitosa-Typ des Erlenwaldes als Übergangstyp bzw. Untertyp zum Urticatyp ausscheiden könnte.

Der Vollständigkeit halber seien die Hauptarten angegeben:

	D
Alnus glutinosa	3—4
Betula pubescens	1
Fraxinus excelsior	1—2
Rhamnus frangula	1—2
Deschampsia caespitosa	3—5
Urtica dioica	1
Geranium Robertianum	1
Holcus lanatus	1
Glechoma hederacea	1
Oxalis acetosella	1—2
Lycopus europaeus	1
Rubus idaeus	1
Aspidium spinulosum	1
Galeopsis tetrahit	1
Athyrium filix femina	1

Nebenarten sind: Solanum dulcamara 1, Anthoxantum odoratum 1, Symphytum officinale 1, Galium aparine 1, Lysimachia vulgaris 1, Aspidium thelypteris 1, Cirsium palustre 1, Möhringia trinervia 1, Scutellaria galericulata 1, Ranunculus acer 1, Ranunculus repens 1, Lychnis fols cuculi 1, Plantago lanceolota 1, Parnassia palustris 1, Myositis palustris 1 u. a., dazu die Moose Mnium undulatum 2, Climacium dendroides 1—3, Polytrichum formosum 1—2, Brachythecium rutabulum 1, Mnium cuspidatum, Catharinea undulata 1.

Zu bemerken ist noch das Eindringen der Eiche und der Hasel in diesen Typ, was auch den Übergang zur nächstfolgenden Gesellschaft bezeichnet.

Der Boden ist hier nicht mehr als organischer Naßboden anzusprechen mit einem A-G-Profil, es tritt hier schon eine stärkere Vermischung mit dem Mineralboden ein. Der pH-Wert ist niedrig, durchschnittlich 4,5, worauf auch einige azidiphile Arten hinweisen. Das Grundwasser steht beim Höchststand 10—20 cm unter der Erdoberfläche.

2. Grundwassernaher Stieleichen-Hainbuchenwald (Querceto-Carpinetum)

Archivalisch läßt sich ein Eichen-Hainbuchenwald im Untersuchungsgebiet nicht nachweisen, auch pollenanalytisch ist sein Nachweis nur in einem Fall möglich gewesen. In älteren Quellen werden die Standorte des Eichen-Hainbuchenwaldes als mit Erle bestanden angegeben, später sind sie oft Räumden, mit denen man nichts anzufangen wußte, und noch später sind sie in reine künstliche Birkenbestände oder auch Fichten- und Kiefernbestände umgewandelt worden. Jedoch läßt sich ein Eichen-Hainbuchenwald in kleinen aber sehr ursprünglich aussehenden Bestandesresten nachweisen, die noch heute die Stieleiche und die Hainbuche als Hauptholzarten tragen. Durch floristischen und ökologischen Vergleich mit ähnlichen Standorten lassen sich die heute andere Holzarten tragenden Standorte zum Eichen-Hainbuchenwald zurechnen.

Wie schon erwähnt, ist es durchaus auch möglich, daß sich in historischer Zeit durch Entwässerung der Erlenbrücher die Entwicklung zum Eichen-Hainbuchenwald vollzogen hat. Auch ist es möglich, daß in diesen Erlenbrüchern der oben angegebene Deschampsia caespitosa-Typ vertreten war, der ja schon einen Übergangstyp darstellt und in dem die Stieleiche ab und zu vorkommt.

Die Hauptarten des grundwassernahen Stieleichen-Hainbuchenwaldes im Untersuchungsgebiet wären:

	D
Quercus robur	2—4
Carpinus betulus	2—3
Corylus avellana	2—5
Deschampsia caespitosa	2—5
Stellaria holostea	2
Anemone nemorosa	2
Oxalis acetosella	2
Glechoma hederacea	1—2
Rubus idaeus	1—3
Aspidium spinulosum	1
Geranium Robertianum	1
Geum urbanum	1
Majanthemum bifolium	1
Viola Riviniana	1
Lysimachia vulgaris	1
Urtica dioica	1
Galeobdolon luteus	1
Ranunculus auricomus	1
Anemone hepatica	1
Epipactis latifolia	1
Galeopsis tetrahit	1
Holcus lanatus	1
Ophioglossum vulgare	1
Lathraea squamaria	1
Ranunculus ficaria	1

Von Begleitern wären zu nennen: Betula pubescens 1–2, Fraxinus excelsior 1, Ulmus campestris 1, Rhamnus frangula 1, Prunus padus 1, Polygonatum officinale 1, Möhringia trinervia 1, Ranunculus repens 1, Anthoxantum odoratum 1, Potentilla silv. 1, Scutellaria galericulata 1, Milium effusum 1, Ranunculus ficaria 1, Impatiens noli tangere 1, Galium aparine 1, Athyrium filix femina 1, Poa nemoralis 1, Brychypodium silvaticum 1, Mercurialis perennis 1–4, Carex digitata 1, Equisetum arvense 1, Equisetum silvaticum 1–4, Calamagrostis epigeios 1–2, Agrostis alba 1, Hypericum quadrangulum 1, Linaria vulgaris 1, Ranunculus acer 1, Stellaria graminea 1, Cirsium palustre 1, Chrysosplenium alternifolium 1 u. a.

Von Moosen wären zu nennen: Mnium undulatum 1, Mnium cuspidatum 1, Brachythecium rutabulum 1, Polytrichum formosum 1, Hypnum purum 1–2.

Eine große Übereinstimmung in den Hauptarten zeigt die Verwandtschaft zum Erlenwald, namentlich zum Deschampsia caespitosa-Typ, jedoch sind durch die Anwesenheit von Stellaria holostea, Anemone nemorosa und hepatica, Majanthemum bifolium, Ranunculus auricomus, Galeobdolon luteus und einigen anderen Arten deutliche Unterschiede gegeben.

Der Boden weist ein A-G-Profil auf und ist als mineralischer Naßboden zu werten, da der Humus schon sehr mit Sand gemischt ist.

Das Bodenprofil ist durch 20–30 cm sandigen Humus mit pH durchschnittlich von 5,2 über dem Talsand mit Gleiflecken charakterisiert. Das Grundwasser steht bei 30 bis 50 cm bei seinem Höchststand.

Der grundwassernahe Stieleichen-Hainbuchenwald im Untersuchungsgebiet entspricht durchaus der feuchten Subassoziationsgruppe des Querceto-Carpinetum medioeuropaeum Tüxens (45).

So ermöglicht die vergleichende pflanzensoziologische Untersuchung:

1. Bestände mit künstlich angebauten Holzarten in die natürliche Waldgesellschaft einzuordnen,

2. die Weiterentwicklung von Waldgesellschaften nach Entwässerung zu zeigen und so einen scheinbaren Widerspruch mit archivalischen Ergebnissen zu klären.

So konnten sogar künstliche Kiefernbestände auf Grund pflanzensoziologischer Betrachtung in den grundwassernahen Stieleichen-Hainbuchenwald eingereiht werden.

Die verschiedenen Fazies dieser Waldgesellschaft sind am besten zu dem oben beschriebenen Deschampsia caespitosa-Typ des grundwasernahen Stieleichen-Hainbuchenwaldes zusammenzufassen, so daß diese Waldgesellchaft im Untersuchungsgebiet nur mit diesem einen Typ erscheint.

3. Stieleichen-Birkenwald (Querceto-Betuletum)

Durch pollenanalytische und archivalische Untersuchungen ist ein Eichen-Birkenwald festgestellt worden, der heute allerdings in Kiefernbestände überführt worden ist.

Die Standorte dieser Waldgesellschaft, die man am besten mit Stieleichen-Birkenwald bezeichnet, haben folgende Hauptarten:

	D	
Quercus robur	2—5	
Betula pubescens	2—4	
Pteridium aquilinum	5	(über 1,5 m hoch)
Oxalis acetosella	3	
Aira flexuosa	1	
Luzula pilosa	1	
Vaccinium myrtillus	1—3	
Aspidium spinulosum	1	
Anemone nemorosa	2	
Möhringia trinervia	1	
Rubus idaeus	1	
Majanthemum bifolium	1	
Convallaria majalis	1—3	
Holcus mollis	1	
Molinia coerulea	1	
Hypnum Schreberi	3	
(Trientalis europaea	2),	

im Untersuchungsgebiet nicht vorkommend, aber im gleichen Typ im Forstamt Liebenwalde.

Als Begleiter wären zu nennen: Pinus silvestris, Fagus silvatica 1, Carpinus betulus 1, Sorbus aucuparia 1, Rhamnus frangula 1—2, Urtica dioica 1, Galeopsis tetrahit 1, Osmunda regalis 1, Anthoxantum odoratum 1, Lonicera periclymenum 1, Scleropodium purum 2, Polytrichum formosum 1, Dicranum undulatum 1, Hylocomium splendens 1 und andere Arten.

Durch den außerordentlich auffallenden hohen Adlerfarn ist dieser Typ am besten als Pteridium-Typ des Stieleichen-Birkenwaldes zu bezeichnen.

Die Zuordnung dieses Pteridiumtyps zum Stieleichen-Birkenwald ist auf Grund pollenanalytischer und archivalischer Untersuchungen erfolgt, trotzdem heute nur Kiefernbestände auf ihm vorhanden sind. Weiter ergaben die oben angeführten Untersuchungen, daß der Stieleichen-Birkenwald nur auf diesem Typ vorhanden war, auf der einen Seite ist die Hainbuche hier noch anzutreffen, auf der anderen Seite dringen die Kiefer und die Buche auch von Natur aus hier ein.

Es ergibt sich also ganz eindeutig, daß der Stieleichen-Birkenwald im Gebiet der natürlichen Verbreitung der Kiefer nur diesen ganz besonderen Standort von Natur aus einnimmt.

Es ist auch ökologisch ein ganz besonderer Standort, das Grundwasser erreicht seinen Höchststand bei 80—100 cm. Starke Rohhumusauflagen von durchschnittlich 20 cm Stärke und typischer Schichtung (siehe unten), eine stark podsolierte Sandschicht von 30—50 cm Stärke und ein kompakter kombinierter Ortstein-Gleihorizont von etwa 15 cm Stärke über dem Talsand kennzeichnen diesen Bodentyp.

Obiger Pteridium-Typ des Stieleichen-Birkenwaldes entspricht dem Querceto roboris-Betuletum molinietosum Tüxens (45), während das Querceto roboris-Betuletum typicum in der Mark schon durch einen Kiefernmischwald abgelöst ist.

4. Grundwassernaher Buchen-Stieleichen- und Kiefern-Buchenwald

Durch archivalische Forschung und pollenanalytische Untersuchungen ist im Untersuchungsgebiet ein Buchen- und Kiefern-Buchenwald nachgewiesen worden, die man auch auf Grund forstlicher Erfahrungen zu einem grundwassernahen Buchenwald zusammenfassen könnte, jedoch sind die beiden hier aufzustellenden Typen mit dem einen und dem anderen ziemlich eng verbunden. Beide Gesellschaften haben auch einen Anteil der Eiche und Birke gehabt.

Die Buche ist zweifellos in diesen Gesellschaften eine sehr wesentliche Holzart, die weitgehend den Boden und die Bodenflora beeinflußt.

Wie schon gesagt, kann man zwei Typen unterscheiden, wobei der erstere einem grundwassernahen Buchenwald, der zweite einem Kiefern-Buchenwald zuzuordnen ist.

a) Oxalis-Myrtillus-Typ des grundwassernahen Buchenwaldes

		D
Hauptarten:	Fagus silvatica	1–5
	(Pinus silvestris	1–5)
	Quercus robur	1–2
	Betula	1–2
	Vaccinium myrtillus	5
	* Oxalis acetosella	2
	Aira flexuosa	1
	Aspidium spinulosum	1
	* Anemone nemorosa	1
	* Rubus idaeus	1
	Molinia coerulea	1
	Hypnum Schreberi	3

Begleiter: Carpinus betulus 1, Sorbus aucuparia 1, Rhamnus frangula 1, Populus tremula 1, Anthoxantum odoratum 1, Majanthemum bifolium 1, Möhringia trinervia 1, Luzula pilosa 1, Melampyrum pratense 1, Hypnum cupressiforme 1, Polytrichum formosum 1, Dicranum scoparium 1.

Das Bodenprofil ist etwa 10 cm Rohhumus auf etwa 40 cm Bleichsand auf etwa 5 cm Orterde auf Talsand mit Gleiflecken. Das pH des Rohhumus ist durchschnittlich 3,3.

Das Grundwasser steht beim Höchststand bei etwa 1,20 m.

Bei diesem Typ ist die Anwesenheit von Oxalis acetosella besonders zu beachten, die ihn von dem nächstfolgenden Typ unterscheidet. Nach der besonders wichtigen Kombination zwischen Vaccinium myrtillus und Oxalis acetosella ist auch die Namensgebung erfolgt.

Da Buchenbestände im Untersuchungsgebiet nicht mehr als reine Bestände vorkommen, konnte die Zuordnung zu der natürlichen Waldgesellschaft auf Grund der archivalischen Feststellungen erfolgen.

---

* Differentialarten gegenüber dem Molina-Myrtillus-Typ.

b) Molinia-Myrtillus-Typ

Auf großen Flächen, besonders im Gebiet des Kiefern-Buchenwaldes, ist ein Molinia-Myrtillus-Typ ausgebildet mit folgenden Hauptarten:

	D
Fagus silvatica	2–5
Pinus silvestris	1–3
Quercus robur	1–2
Betula	1–2
Vaccinium myrtillus	5
Aira flexuosa	1
Molinia coerulea	1
Melampyrum pratense	1
Luzula pilosa	1
Dicranum scoparium	2
Hypnum purum	3
Hypnum Schreberi	2

Begleiter: Carpinus betulus 1, Sorbus aucuparia 1, Pteridium aquilinum 1, Polypodium vulgare 1, Aspidium spinulosum 1, Pirola secunda 1, Genista pilosa 1, Hylocomium splendens 1, Leucobryum glaucum 1.

Besonders kennzeichnend ist das Fehlen von Oxalis acetosella.

Der Boden besteht aus etwa 10 cm Rohhumus mit pH bis 2,7, 20–30 cm Bleichsand, 10 cm Orterde und darunter Talsand mit Gleiflecken. Das Grundwasser steht beim Höchststand bei etwa 1,50 m.

In diesen beiden oben beschriebenen Typen ist die Buche zweifellos eine natürliche Holzart, im zweiten Typ auch die Kiefer, auch die Stieleiche und die Birke waren von Natur aus da. Es handelt sich um artenarme, bodensaure Buchenwälder, die im System von Tüxen (45) nicht vorkommen. Diese Buchenwaldgesellschaften sind aber eine Tatsache, deshalb muß eine selbständige grundwassernahe Buchenwaldgesellschaft oder ein Buchen-Stieleichenwald aufgestellt werden, und zwar mit einem Oxalis-Myrtillus- und einem Molinia-Myrtillus-Typ.

5. Kiefern-Eichenwald (Pinetum)

Durch pollenanalytische Untersuchungen, archivalische Befunde sowie das frühere Vorhandensein von 3 Teeröfen im Untersuchungsgebiet, die ja auf Kiefernholz angewiesen waren, ist bewiesen, daß die Kiefer von Natur aus sehr weit in Grundwassernähe anzutreffen war, sogar bis in den Pteridium-Typ gegangen ist.

In Mischung mit Eiche und Birke ist daher hier eine Waldgesellschaft gegeben, die man als Kiefern-Eichenwald oder Kiefernmischwald bezeichnen kann. Sie ist von Natur aus dort gegeben, wo die Buche sehr zurücktritt.

Der Grundwasserstand ist zwischen 1,70 und 2,50 m beim Höchststand.

Dieser Kiefern-Eichenwald ist im Untersuchungsgebiet in erster Linie mit einem Myrtillus-Typ vertreten, in dem aber Aira flexuosa wegen der lichteren Stellung der

Kiefern stark vertreten ist, nur örtlich geht dieser Typ durch Vorherrschen von Vaccinium vitis idaea in einen Vaccinium-Typ über.

Das Schwergewicht des Kiefern-Eichenwaldes liegt zweifellos im Myrtillus-Typ, während für den Molinia-Myrtillus-Typ mehr der Kiefern-Buchenwald zutrifft.

Hauptarten des Myrtillus-Typs wären:

	D
Pinus silvestris	2–4
Quercus robur	2–4
Betula	1–2
Vaccinium myrtillus	2–3
Aira flexuosa	2–3
Luzula pilosa	1
Melampyrum pratense	1
Rubus ideaeus	1
Calamagrostis epigeios	1
Anthoxanthum odoratum	1
Aspidium spinulosum	1
Holcus mollis	1
Hypnum Schreberi	3

Begleiter: Fagus silvatica 1, Carpinus betulus 1, Rhamnus frangula 1, Oxalis acetosella 1 (nur örtlich), Molinia coerulea 1 (besonders auf Freiflächen), Majanthemum bifolium 1, Vaccinium vitis idaea 1, Pteridium aquilinum 1–3, Genista pilosa 1, Leucobryum glaucum 1, Dicranum scoparium 1, Rhythidiadelphus triquetrus 1, Cladonia rangiferina 1.

Molinia ist besonders auf Kahlschlägen anzutreffen, sonst zeigt dieser Typ je nach den Lichtverhältnissen verschiedene Dominanz der Arten. In Dickungen und Stangenhölzern ist besonders Hypnum Schreberi vertreten, mit zunehmendem Bestandesalter vermehrt sich Vaccinium myrtillus, wird aber dann im Baumholzalter und besonders bei Verlichtung durch Aira flexuosa eingeengt. Stellenweise können Rubus idaeus, Oxalis acetosella und Calamagrostis epigeios auftreten.

Auf Freiflächen werden die Unterschiede der einzelnen Typen etwas verwischt. Im Erlensumpf bleibt die Vorherrschaft der Großseggen, im Urtica- und Deschampsia caespitosa-Typ sind diese namengebenden Arten auch auf der Freifläche stark vertreten. Im Eichen-Birkenwald tritt der Adlerfarn auf Kahlschlägen eher noch stärker auf als im Bestand, aber man kann auch ein massenhaftes Auftreten der Himbeere beobachten. Beim Buchen- und Kiefern-Buchenwald ist besonders Molinia coerulea für Freiflächen charakteristisch, die sich allerdings auch im Gebiet des Kiefern-Eichenwaldes einfindet, wo auch ein sehr starkes Auftreten von Aira flexuosa und Calamagrostis epigeios auf Freiflächen zu beobachten ist, abgesehen von der schnell vergänglichen Schlagflora.

Die pflanzensoziologische Betrachtung, verbunden mit den Ergebnissen der Pollenanalyse und der Bestandesgeschichte, zeigt, daß durch Zusammenwirken dieser drei waldkundlichen Methoden klare Zuordnungen von bestimmten Bodenpflanzengesellschaften zu natürlichen Holzartenkombinationen sich ergeben, aber auch daß Übergänge vorhanden sind, die allerdings nur begrenzt auftreten.

Was die Menge der einzelnen Holzarten in den natürlichen Waldgesellschaften anbetrifft, so können keine genauen Angaben gemacht werden, die Anteile ändern sich auch mit dem Alter der Bestände. Eine ungefähre Einteilung nach Prozenten gibt die nachfolgende Tabelle.

Danach dringt die Erle, die im Erlensumpf absolut herrscht, über den Urtica- und Deschampsia caespitosa-Typ in den Eichen-Hainbuchenwald ein, wo sie allerdings nur vereinzelt und sehr beschränkt auftritt. Die Esche ebenso wie die Rüster, die sich am

Zeichenerklärung zu den pflanzensoziologischen Karten 25–29

Erlenwald
Eichen-Hainbuchenwald
Eichen-Birkenwald
Buchen-Stieleichenwald Oxalis-Myrtillus Typ
Buchen-Stieleichenwald Molina-Myrtillus Typ
Kiefern-Eichenwald
Buchenwald auf Wiesenkalk
Dünen
Verlandungs-Hochmoore

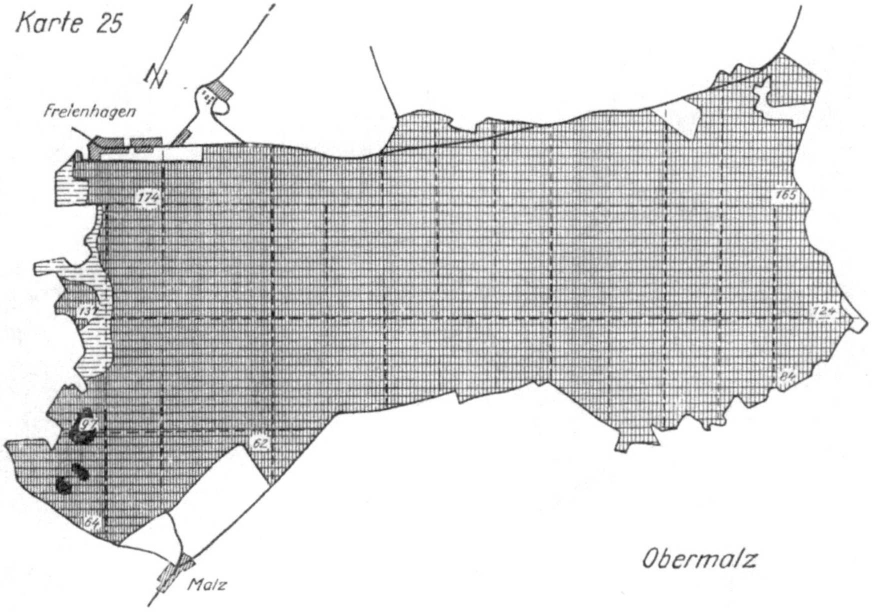

Karte 26

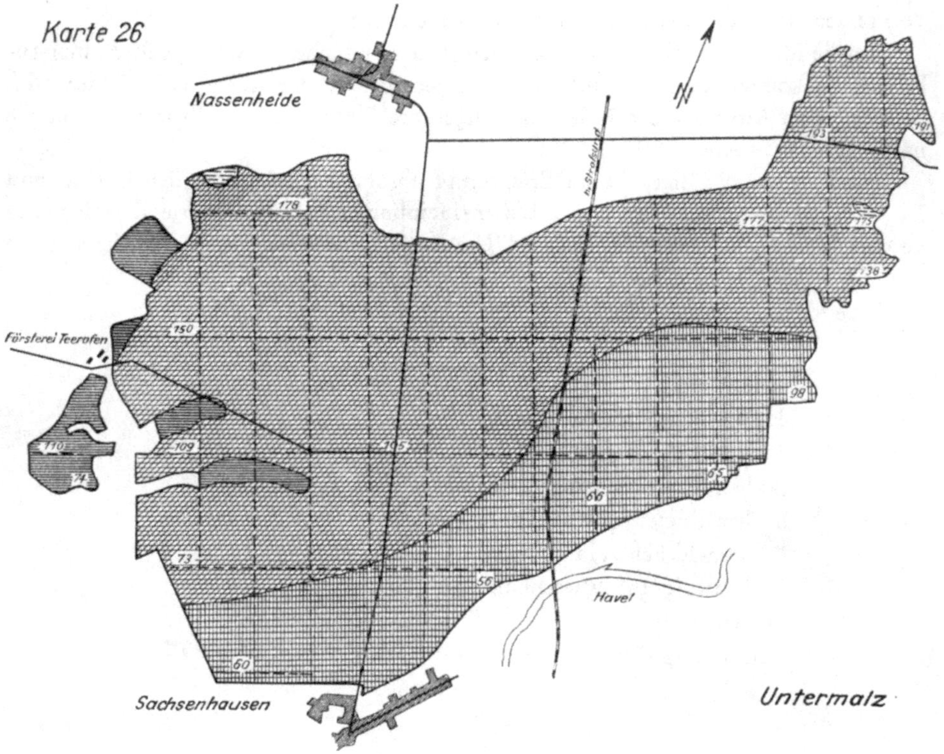

Karte 27

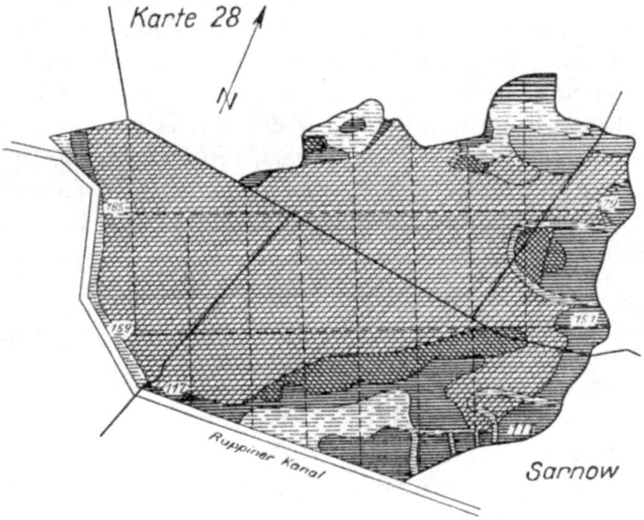
Karte 28
N
Ruppiner Kanal
Sarnow

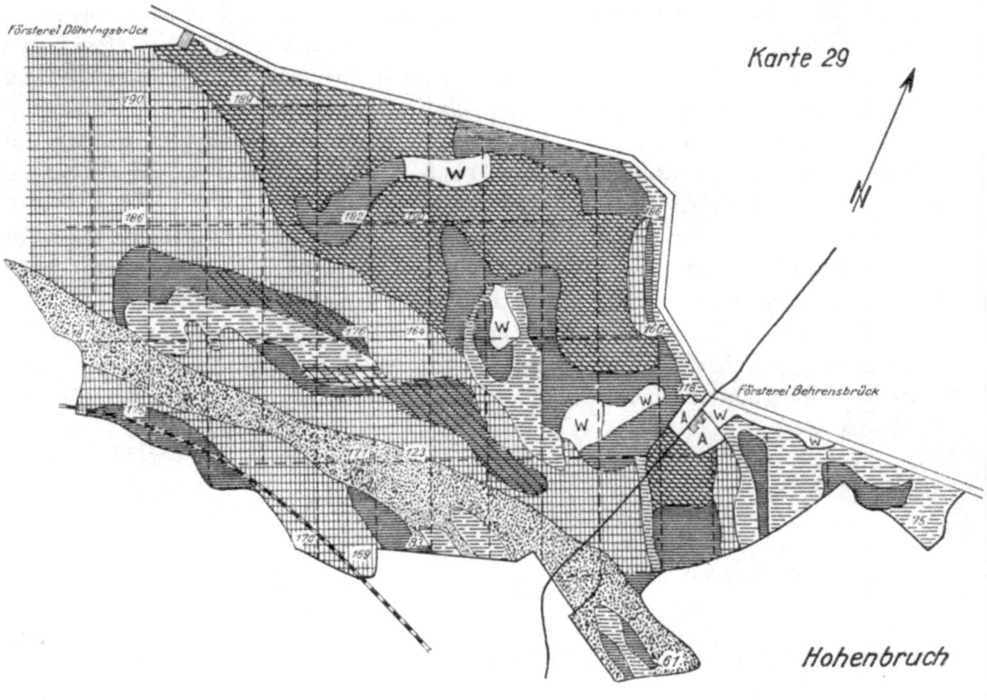
Försterei Döhringsbrück
Karte 29
N
W
W
W
W
W
A
A
Försterei Behrensbrück
Hohenbruch

Rande des Erlensumpfes einfinden, haben ihre größte Verbreitung im Urtica- und Deschampsia caespitosa-Typ, wobei die Rüster bis in den Eichen-Hainbuchenwald geht. Ebenso muß man die Linde zu den natürlichen Arten des Eichen-Hainbuchenwaldes rechnen, sie ist im Eichen-Birkenwald und Kiefern-Eichenwald dagewesen, wenn auch nur in einzelnen Exemplaren, ihr Schwergewicht liegt aber im Eichen-Hainbuchenwald. Die Birke tritt im Urtica-Typ des Erlenwaldes auf, hat größeren Anteil im Übergangs-Typ zum Eichen-Hainbuchenwald, tritt aber dort sehr zurück, da sie als Lichtholzart sich hier nur wenig durchsetzen kann, sie steigert ihren Anteil im Eichen-Birkenwald, geht in allen von der Buche beherrschten Beständen zurück, um im Kiefern-Eichenwald ihren Anteil wieder zu steigern.

	Erle	Birke	Hainbuche	Eiche	Buche	Kiefer
Erlensumpf	100					
Urtica-Typ	70	30				
Deschampsia-Typ	60	30		10		
Eichen-Hainbuchenwald	5	15	40	40		
Eichen-Birkenwald		35	5	50	5	5
Oxalis-Myrtillus-Typ		10	5	20	60	5
Molinia-Myrtillus-Typ		10		30	50	10
Myrtillus-Typ		15		20		60

Die Eiche, hier in Grundwassernähe immer die Stieleiche, beginnt schon mit einzelnen Exemplaren im Deschampsia-Typ des Erlenwaldes, nimmt im Eichen-Hainbuchenwald und Eichen-Birkenwald sehr zu, fällt im Buchenwald ab, um in gleicher vielleicht auch vermehrter Stärke im Kiefern-Eichenwald zu verbleiben.

Die Hainbuche taucht schon im Deschampsia caespitosa-Typ des Erlenwaldes auf, hat ihre größte Ausbreitung im Eichen-Hainbuchenwald, geht in einzelnen Exemplaren auch in den Eichen-, Birken- und Buchenwald.

Die Buche ist in manchmal nicht geringer Zahl im Eichen-Birkenwald anzutreffen, hat aber ihr Maximum im Oxalis-Myrtillus-Typ und wird im Molinia-Myrtillus-Typ etwas zurückgedrängt, geht aber noch in den Kiefern-Eichenwald.

Die Kiefer beginnt schon in bestimmten Teilen des Eichen-Birkenwaldes, steigert ihren Anteil im Kiefern-Buchenwald und hat den höchsten Prozentsatz im Kiefern-Eichenwald, wobei es wie bei der Eiche nicht eindeutig möglich ist, ihren Anteil sicher zu schätzen.

D. BODENKUNDLICHE BEOBACHTUNGEN

Schon bei den pollenanalytischen und pflanzensoziologischen Untersuchungen ist auf den Boden in den verschiedenen Waldgesellschaften hingewiesen worden. Eine zusammenfassende Betrachtung der Bodenverhältnisse gibt wiederum gute Beziehungen zwischen den Waldgesellschaften und den Bodentypen.

Das Ausgangssubstrat für die Bodenbildung im Untersuchungsgebiet ist der Talsand. Seine physikalische Zusammensetzung ist nach Hartmann (18) aus dem Jagen 63 Ost in 2 m Tiefe folgende:

2,0	2,0–0,2	0,2–0,02	0,02–0,002	unter 0,002 mm
0	0,4	97,8	0,5	1,3%

Es ist also ein Feinsand mit äußerst geringem Anteil an Schluff. Der Kalkgehalt ist gering, nach Hartmann 0,045% CaO in NH_4 Cl. Aus obigem ist zu ersehen, daß der Boden sehr untätig ist, wahrscheinlich auch sehr geringen Silikatgehalt hat.

Je nach der Tiefe des Grundwassers ist die Bodenbildung verschieden.

Man kann im Untersuchungsgebiet unterscheiden (s. Abb. 1):

1. Organische Naßböden (Grundwasser beim Höchststand über oder dicht unter der Erdoberfläche)

   a) Erlenmoorboden,

   b) Verlandungsmoorboden.

2. Übergangsböden vom organischen zum mineralischen Naßboden (Grundwasser beim Höchststand bei etwa 30 cm unter der Erdoberfläche) oft mit Raseneisenstein.

3. Extrem podsolierte Gleiböden mit verfestigtem Ortstein-Gleihorizont (Grundwasser bei 0,80–1,00 m).

4. Stark podsolierte Böden mit losem B-Horizont (Grundwasser bei 1,50 m).

5. Mäßig podsolierte Böden mit undeutlichem B-Horizont (Grundwasser um 2,00 m).

6. Humuskarbonatböden, die nur örtlich auf Wiesenkalk vorkommen und wegen der sehr geringen Bedeutung im Untersuchungsgebiet außer Betrachtung bleiben.

Für die Bodenbildung ist also die Grundwasserhöhe von entscheidender Bedeutung, sowohl für die Streuzersetzung, die Humusbildung wie auch für die Auswaschung und die Ausscheidung von Eisen, die sog. Gleibildung.

Die einzelnen Bodentypen seien nachfolgend einer genaueren Betrachtung unterzogen.

1. In den tiefsten Lagen des Untersuchungsgebietes, die wahrscheinlich einmal offenes Wasser darstellten, ist die Verlandung nach zwei Richtungen erfolgt, einmal in großen Komplexen guter Wasserbewegung zum Erlensumpf (eutroph), andermal in kleinen abgeschlossenen Senken mit Hilfe der Torfmoose zum sog. Verlandungsmoor. Nur die erstere Bodenbildung hat Bedeutung im Untersuchungsgebiet.

Die hier abgelagerte Schicht organischer Substanz hat eine Mächtigkeit von durchschnittlich 50 cm, an einzelnen Stellen ist sie stärker, doch konnte festgestellt werden, daß bei einer Stärke von über 1,50 m ein Wachstum der Erle nicht mehr möglich ist.

Während im Winter und Frühjahr dieser Sumpf überschwemmt ist, kann im Sommer das Wasser sehr absinken, so daß sein tiefster Stand noch im Talsand selbst ist.

Durch das ständig sich wiederholende Ab- und Aufsteigen des Grundwassers und durch die an sich sehr gute Zersetzung der Erlenstreu und der Streu der Bodenflora hat sich ein sehr schwach sauerer ja neutraler Humus gebildet (pH 6,7). Dieser Humus liegt auf dem Talsand, der in seinen obersten Schichten oft eine Graufärbung durch Infiltration von organischen Stoffen hat. Der Talsand selbst zeigt oft Eisenausscheidungen, also einen Gleihorizont, also im Durchschnitt ein A/G- oder ein A_0-A_1-G-Profil. Das Grundwasser muß im Gebiet der großen Erlensümpfe (Sarnow und Hohenbruch) kalkreich sein. Hartmann maß in der Nähe von Erlensümpfen in den Jagen 123 b 93 mg CaO auf 1 Liter und in 79 c 116 mg auf 1 Liter Wasser.

Für die Leistung dieser Standorte ist aber noch die Tatsache der Grundwasserbewegung wichtig. Die Wuchsleistung wechselt von Beständen mit stagnierendem Grundwasser wie im Jagen 120 c bis zum fließenden Grundwasser in 77 b.

Die Zuordnung dieses Bodentyps zum Großseggentyp des Erlenwaldes ist eindeutig.

2. Auch wenn das Grundwasser nicht über die Bodenoberfläche kommt, sondern beim höchsten Stand wenige Zentimeter sich darunter befindet, ist sein Einfluß auf die Bodenbildung sehr groß. Man kann diese Böden noch als organische Naßböden bezeichnen, sie stellen aber schon Übergänge zum mineralischen Naßboden dar, die Vermischung der unteren organischen Schichten mit dem Talsand ist größer, und ist eine starke Gleibildung zu verzeichnen.

Jedoch sind die chemischen Zersetzungsvorgänge derart gut, daß sich ein milder Bruchwaldhumus entwickelt hat mit einem pH von 6,2. In seinen unteren Schichten ist oft Raseneisenstein fein zerstückelt oder in größeren Klumpen eingelagert, der früher auch genutzt wurde, daher der Name Steinbruch und Steinbruchwiese (Jagen 119 bis 121).

Auch hier ist der Einfluß des relativ kalkreichen Grundwassers ausschlaggebend.

Von den Typen der Waldgesellschaften ist hier in erster Linie der Urtica-Typ, in zweiter Linie bei stärkerer Versauerung der Deschampsia caespitosa-Typ des Erlenwaldes anzutreffen.

3. Böden mit einem Grundwasserstand in etwa 40 cm haben eine etwas andere Bodenbildung. Man kann sie kaum mehr als organische Naßböden bezeichnen, da die organischen Bestandteile sehr stark mit Sand gemischt sind.

Ein A_0-Horizont ist nicht so deutlich ausgebildet, sondern geht allmählich in einen A_1-Horizont über, also ist die Einschwemmung schon ziemlich groß. Unmittelbar darunter beginnt die Zone der Gleibildung.

Die Humusschicht ist schon erheblich sauerer, mit pH 5,2, stellenweise pH 4,8, doch sind große Schwankungen je nach den Beständen zu verzeichnen. Im großen ganzen kann man aber erkennen, daß dieser Boden schon erheblich der Versauerung ausgesetzt ist, da sich das Grundwasser schon etwas tiefer befindet und trotz des relativ kalkreichen Grundwassers nicht sehr viel Kalk an die Erdoberfläche geschafft wird. Jedenfalls sind aber diese Böden gut gegen Säure gepuffert und kann dieser Humus, der dem Bruchwaldhumus sehr nahe steht, als mild bezeichnet werden.

Bei der Einbringung von Holzarten mit schlecht zersetzbarer Streu wie Fichte und Kiefer ist aber auf diesem empfindlichen Boden höchste Vorsicht geboten.

Die natürliche Waldgesellschaft auf diesem Boden wäre der grundwassernahe Stieleichen-Hainbuchenwald.

Mit oben beschriebenem Boden sind die Böden mit mildem, gut zersetztem Humus abgeschlossen, es folgen jetzt Böden, bei denen der Grundwassereinfluß mehr im negativen Sinn zu beobachten ist, es ist das die Gruppe der Podsolboden über Glei.

4. Bei Grundwasser in etwa 0,80—1,00 m beim Höchststand ist die Bodenbildung vom vorigen Profil sehr scharf unterschieden.

Durchschnittlich 3 cm lose Streu, auf einer etwa 7-cm-Schicht braunem Rohhumus, den man früher als Trockentorf bezeichnet hat, auf etwa 10 cm schwarzem schmierigem Humus, der in den untersten Teilen sehr sandig ist und starke Einwaschung in den darunterliegenden Sand zeigt. Diese Sandschicht stellt eine ausgesprochene Podsolschicht dar, oben mit einer deutlichen Schicht Humuseinschwemmung über einer sehr ausgewaschenen Bleichsandschicht, die Podsolschicht weist eine Stärke von etwa 50 cm auf. Die unter der Podsolschicht sich befindliche rostbraune Schicht von etwa 15 cm Stärke ist von steinharter Konsistenz, von schwarzen Manganbändern durchzogen und stellt einen kombinierten Ortstein-Gleihorizont dar, wobei der darunter sich befindliche Talsand auch Gleiflecken zeigen kann.

Die pH-Werte sind folgende:

Brauner Rohhumus	2,8—4,2, durchschnittlich 3,5
Schwarzer Humus	2,5
Bleichsand	2,9
Ortsteinglei	3,3
Talsand	5,4

Infolge des ungünstigen Bodenklimas, hervorgerufen durch das nahe Grundwasser, ist hier eine extreme Podsolierung eingetreten, und an der Oberkante des Grundwassers haben sich Ortstein- und Gleibildungen zu einem festen Horizont kombiniert.

Die starken Rohhumusauflagen rühren von zwei verschiedenen Perioden her, die obersten 10 cm brauner Rohhumus sind aus den letzten 100—120 Jahren des Kiefernanbaus, die darunter sich befindlichen 10 cm schwarzer Humus aus der Eichen-Birkenzeit. Zu bemerken ist noch, daß zur Bildung dieser Humusablagerungen der Adlerfarn erheblich beteiligt ist.

So muß der A_0-Horizont in A_{01} und A_{02} zerlegt werden. Dieser A_0-Horizont verdankt seine Entstehung dem äußerst untätigen kalkarmen Talsand. Auch ein kalkreicheres Grundwasser und damit eine kalkreichere Streu konnten den Prozeß der extremen Versauerung nicht aufhalten.

Trotz der starken Versauerung, der extremen Podsolierung und der Bildung eines verfestigten B/G-Horizontes zeigen die Bestände bestes Wachstum. Der Grund liegt im großen Nährstoffvorrat der Humusschichten, der den Bäumen doch zugute kommt.

Diesem oben geschilderten Profil entspricht ein natürlicher Stieleichen-Birkenwald, der pollenanalytisch und archivalisch nachgewiesen wurde.

5. Bei einem Grundwasserstand von etwa 1,50 m ist das Bodenprofil wiederum anders. Durchschnittlich 10 cm Rohhumus, der früher als Trockentorf bezeichnet wurde mit pH 2,7—4,4 liegen auf etwa 30—50 cm Bleichsand, der in seinen oberen Schichten starke Humusinfiltration zeigt (pH 2,8—3,3). Darunter befindet sich eine etwa 10—20 cm starke rostbraune Schicht Orterde mit pH 3,9—4,1, darunter der scheinbar unveränderte Talsand, der aber in der Tiefe des Grundwassereinflusses typische Gleiflecken aufweist.

Dieser stark sauere Rohhumus ist in erster Linie von der Buche gebildet worden unter Mithilfe der Blaubeere, die hier dominant ist. Auch auf diesem Boden konnte der untätige Talsand die Zersetzung der Buchenstreu nicht fördern, sie sammelte sich als starke Rohhumusauflage an, das durch das Grundwasser ungünstig beeinflußte Bodenklima trug zur Podsolierung noch bei, so daß hier der Typ eines stark podsolierten Bodens in Grundwassernähe vorliegt.*

Die natürliche Waldgesellschaft ist hier ein Buchen- und Kiefernbuchenwald besonders vom Molinia-Myrtillus-Typ.

6. Beim Grundwasserstand von etwa 2 m sind beim Bodentyp stärkere Unterschiede zu erkennen. Die Auflagehumusschicht ist nicht sehr bedeutend, sie ist etwa 5 cm mit pH 3,3. Die darunter sich befindliche Schicht der Ausbleichung ist auf 10 cm anzusetzen. Eine Schicht der Ausfällung ist sehr undeutlich ausgebildet, man kann sie an der etwas dunkleren Färbung gegenüber dem unveränderten Talsand unterscheiden, sie hat eine Mächtigkeit von etwa 50 cm. In der Grundwassernähe sind im Talsand die im ganzen Gebiet auftretenden Gleiflecken sichtbar.

Trotzdem der Rohhumus deutlich auf dem Mineralboden aufliegt, ist die Einwaschung in den Mineralboden sehr stark, so daß der Eindruck der Podsolierung manchmal verschwindet.

Die Grundwasserbeschaffenheit ist von Hartmann an zwei Stellen untersucht worden, der CaO-Gehalt war im Jagen 66 Süd 12—20 mg/l und im Jagen 63 Ost 8,5—20 mg/l, also war an diesen Stellen das Grundwasser sehr kalkarm.

Daß keine starke Podsolierung auf diesen Standorten erfolgt ist, ist auf die Entfernung des Oberbodens vom Grundwasser zurückzuführen, wobei der ungünstige bodenklimatische Einfluß nicht mehr zur Geltung kommt.

Die natürliche Waldgesellschaft ist hier ein Kiefern-Eichenwald, die im Ausgleich der Kiefern- und Eichenstreu hier relativ günstige Bodenentwicklung schuf.

---

* Nach neueren Untersuchungen zeigte das Grundwasser hier einen CaO-Gehalt von über 100 mg/l.

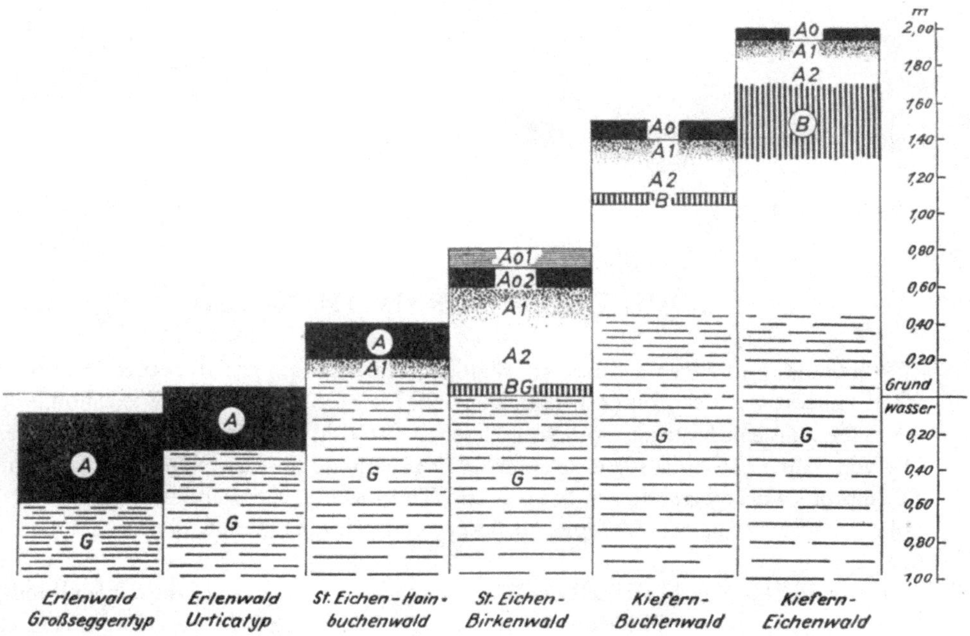

Abb. 1. Die Bodentypen der einzelnen Gesellschaften

Der Vergleich der Bodentypen im Untersuchungsgebiet zeigt (s. Abb. 1):
1. die starke Abhängigkeit der Bodentypbildung von der Grundwassertiefe,
2. die eindeutigen Beziehungen zwischen Bodentypen und den Waldgesellschaften.

Somit ist auf Grund waldkundlicher Untersuchungen im grundwassernahen Talsandgebiet die Beziehung zwischen Grundwassertiefe, Bodenprofil, Bodenpflanzengesellschaft und natürlicher Holzartenzusammensetzung dargelegt.

Für die ökologische Beurteilung eines Bestandes auf einen bestimmten Typ ist neben seiner Wüchsigkeit, ausgedrückt in der Bonität, besonders die Wurzelausbildung von Bedeutung, die auf den Standorten einiger Waldgesellschaften untersucht werden soll.

E. WURZELUNTERSUCHUNGEN

Wurzeluntersuchungen an unseren Waldbäumen sind von verschiedenen Autoren schon gemacht worden. Hilf (24), Laitakari (29), Liese (30), Vater (47), Wagenhoff (48) u. a. haben uns eine Kenntnis vom Wurzelsystem der wichtigsten Waldbäume verschafft. Die von Vater begründete Wurzeluntersuchungsmethode im Zusammenhang mit dem Bodenprofil wurde besonders in Sachsen und Thüringen gepflegt und ergab sehr wertvolle Aufschlüsse für den Waldbau [Brückner und Jahn (4), Krauß, Wobst und Gärtner (27)].

In der vorliegenden Arbeit soll das Wurzelsystem der Kiefer in verschiedener Grundwassertiefe und das der Eiche auf bestimmtem Standort untersucht werden, um einmal den Grundwassereinfluß auf die Wurzelbildung festzustellen, andermal auch den Zusammenhang mit dem Bodenprofil zu untersuchen und auch eine Beziehung zum Höhenwachstum zu finden.

Die im Bestand ausgesuchten Stämme wurden gefällt und später analysiert, um den Gang des Höhenwachstums festzustellen. Hierauf wurden sämtliche in die Tiefe gehenden Wurzeln ausgegraben, in ihrer ursprünglichen Lage stehengelassen, skizziert oder photographisch aufgenommen. Etwa die weitere Arbeit behindernde Wurzeln wurden abgetrennt und später mit allen transportablen Wurzeln nach Eberswalde zur Analyse gebracht. Schließlich wurden alle vom Wurzelstock abgehenden Wurzeln abgetrennt und mit den vorher erhaltenen zur Analyse mit verwandt.

Durch maßstabsgerechte Skizzen, Photoaufnahmen und Analysen ergab sich ein vollständiges Bild der Wurzelausbreitung im Zusammenhang mit dem Höhenwachstum, wobei auch auf wurzelanatomische und physiologische Fragen eingegangen werden konnte.

I. Kiefern im Gebiet des grundwassernahen Stieleichen-Hainbuchenwaldes

Um zu untersuchen, wie sich die Kiefernwurzeln bei sehr großer Grundwassernähe verhalten, wurde im Gebiet des grundwassernahen Stieleichen-Hainbuchenwaldes aus einem künstlichen 40jährigen Kiefernbestand aus dem Jagen 119d ein Stamm ausgesucht.

Wie auf Abbildung 2 zu erkennen ist, ist die Astreinigung im Bestand äußerst schlecht, die dicken, groben Äste bleiben lange Zeit sitzen, wo sie schon abgestorben sind, sind die Stämme sehr beulig ausgebildet.

Abb. 2. Kiefernbestand Jagen 119 d

Die Bodenflora zeigt in erster Linie Deschampsia caespitosa, aber schon machen sich hier Elemente der Versauerung bemerkbar und Vaccinium myrtillus dringt ein.

Auch eine leichte Rohhumusdecke ist schon zu bemerken. Der künstliche Kiefernbestand hat es also in 40 Jahren vermocht, eine Versauerung einzuleiten.

Die Grundwassertiefe ist beim Höchstand bei 40 cm anzunehmen.

Das Oberflächenwurzelsystem der Kiefer war sehr reichlich ausgebildet (s. Abb. 3). Die Wurzeln verliefen durchwegs im Auflagehumus und hatten zum Teil sehr feine Verzweigungen, die den Humus gut durchwurzelten. In der Nähe des Stockes gingen von diesen Oberflächen Absenker schräg in den Tal-

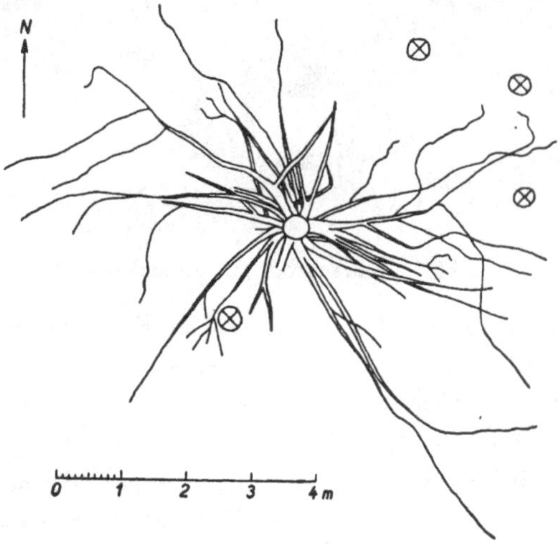

Abb. 3. Oberflächenwurzeln der Kiefer im Jagen 119 d

Abb. 4. Schräg in den Talsand verlaufende Absenker

Abb. 5. Wurzelstock mit Absenkern

sand und verzweigten sich dort sehr stark (Abb. 4).

Vom Wurzelstock selbst dringen eine große Zahl von Wurzeln senkrecht in den Boden und verzweigen sich in Grundwassernähe sehr stark.

Die Analyse einer solchen Wurzel, die unmittelbar am Stamm entsprang, zeigt an der Stelle ihrer Auflösung 27 Jahresringe, hat also 13 Jahre gebraucht, um etwa 20 cm Tiefe zu erreichen. Zuerst ist die Anlage der Oberflächenwurzeln erfolgt und dann die der Absenker.

Das ganze Wurzelwerk macht den Eindruck eines flach ausgebreiteten Wurzelnetzes mit kleinen auf dem Grundwasser stehenden Füßen (s. Abb. 5).

Ein derartiges Wurzelsystem bietet natürlich keinen großen Halt und konnte der von den Oberflächenwurzeln abgeschnittene und ringsum freigelegte Stubben leicht gekippt werden, wobei der Sand fest zwischen den Absenkern blieb.

Eine eigentliche Herzwurzel war nicht ausgebildet worden, sondern chemotaktisch krochen die Oberflächenwurzeln in der Auflagehumusschicht. Die Ausbildung der Absenker ist natürlich erstmal durch Geotropismus zu erklären, dann aber auch durch den Einfluß des Grundwassers, der einen Reiz auf vermehrte Wurzelbildung ausübt, was sich besonders darin zeigt, daß im Kappillarsaum die Absenker sich stark auflösen.

Was die Wasseraufnahme anbetrifft, so sind alle Wurzeln an ihr beteiligt, sowohl die Oberflächenwurzeln, die die Reserven in der Humusdecke ausnützen können, wie auch die schrägen Absenker, die den feuchten Sand über dem Grundwasser ausnützen.

Auf das Wachstum des Stammes hatte der hohe Grundwasserstand keinen nachteiligen Einfluß, im Gegenteil. Der Stamm zeigt zu keinem Zeitpunkt ein Nachlassen des Höhenwachstums, ebenso war auch der Massenzuwachs zu allen Zeiten gleich stark.

Mit 40 Jahren erreichte der Baum eine Höhe von 15,75 m, es wäre also ein Stamm der I. Ertragsklasse nach Schwappach 08.

Bei dem schnellen Wachstum ist das Holz sehr grobringig, in 1 m Höhe war eine durchschnittliche Jahrringbreite von 0,45 cm festzustellen. Dazu kommt noch die enorme Grobästigkeit (s. Abb. 2), die zum Teil auf schlechte Kultur, zum größten Teil aber auf die schlechte Reinigung auf diesen Standorten zurückzuführen ist.

Bei dieser Flachwurzligkeit erscheinen auch die Zukunftsaussichten für diesen Bestand sehr schlecht. Die Windwurfgefahr wird sich immer mehr vergrößern. So ist trotz der guten Massenleistung wegen der oben besprochenen Nachteile die Kiefer hier wenig am Platz, die zahlreichen Lücken zeigen dies auch.

Jedenfalls muß aber betont werden, daß Flachgründigkeit bei guter Wasserversorgung den Höhenwuchs der Kiefer keineswegs benachteiligt.

Stamm Nr. 2

Aus einem gleichfalls sehr ästigen Kiefernstangenholz von 30jährigem Alter im Jagen 187a wurde der Stamm Nr. 2 entnommen. Die Bodenflora zeigte viel Rubus idaeus, Deschampsia caespitosa, Oxalis acetosella. Auch dieser Bestand gehört bodenfloristisch zum grundwassernahen Eichen-Hainbuchenwald.

Die oberste Bodenschicht war ein gut zersetzter milder Humus ohne irgendwelche Rohhumusauflage. Die humose Schicht hatte eine Mächtigkeit von 30 cm, worunter der Gleihorizont begann. Das Grundwasser muß hier zeitweilig in etwa 70 cm gestanden haben, die Grundwasserschwankungen im ganzen Talsandgebiet sind beträchtlich.

Im Gegensatz zum Stamm Nr. 1 war die Entwicklung der Oberflächenwurzeln hier gering. Es ist eigentlich nur eine echte Oberflächenwurzel zu verzeichnen, die, ungefähr 3 m oberflächlich verlaufend, nur ganz kleine Seitenwurzeln aufwies. Die anderen am Stammansatz entspringenden Wurzeln gingen schräg in den sandigen Humus und verliefen hier fast waagerecht in einer Tiefe von 30—40 cm.

Die Analyse der echten Oberflächenwurzel ergab, daß 0,50 m in 11 Jahren erreicht wurden, die Altersbestimmung der weiteren Abschnitte stieß auf Schwierigkeiten, da um einen Kern, in dem die Jahresringe gut kenntlich waren, eine äußere Zone ausgebildet war, die keine Unterschiede von Früh- und Spätholz aufwies. Auf diese Erscheinung soll weiter unten noch eingegangen werden.

Wie auf Abbildung Nr. 6 zu erkennen ist, zeigt der Stamm Bildung von Pfahlwurzeln, und zwar kann man eine doppelte Pfahlwurzel erkennen. Sie endigen aber in 70 cm Tiefe, indem sie sich im Gleihorizont stark verzweigen.

Abb. 6. Wurzelstock des Stammes Nr. 2

Wie beim Stamm Nr. 1 waren die Wurzelspitzen tot und verkient, so daß die Wurzeln jetzt zur Wasseraufnahme nicht mehr beitragen. Die letzten lebenden Wurzeln waren 12–13 Jahre alt, also hatte der Baum mit 17–18 Jahren diese Tiefe erreicht.

Außer den Arten der besprochenen Wurzeln hatte der Stamm noch einige von den „Pfahlwurzeln" in einer Tiefe von 40–50 cm fast waagerecht verlaufenden Seitenwurzeln, ferner einige in größerer Tiefe von 70 cm auch fast waagerecht verlaufenden Wurzeln, die man als Verlängerungen der Pfahlwurzeln ansprechen könnte.

Eine besondere Ausbildung hatte eine am Stamm entspringende starke Seitenwurzel, die schräg in den humosen Sand ging und zwei starke Abläufer nach unten hatte, diese endigten unter großer Verzweigung im eisenhaltigen Sand, ähnlich wie die Pfahlwurzeln. Die Endigungen waren gleichfalls abgestorben, der letzte voll lebende Abschnitt war 14 Jahre alt, was gut mit dem Alter der „Pfahlwurzeln" übereinstimmt.

Betrachtet man das Wurzelwerk dieses Stammes abschließend, so sieht man, daß infolge der größeren Grundwassertiefe Pfahlwurzeln ausgebildet werden. Ihre ernährende Funktion wurde aber nach einiger Zeit durch Absterben der Endigungen aufgehoben. Da aber kaum Oberflächenwurzeln vorhanden waren, wurde diese Funktion von den schräg oder fast waagerecht im Boden verlaufenden Wurzeln übernommen, so daß der verfügbare Wurzelraum gut ausgenutzt wurde.

Es zeigt sich also, daß bei etwas tiefer anstehendem Grundwasser das ganze Wurzelwerk ein anderes Aussehen erhält und die Kiefer mit ihren Wurzeln tiefer gehen kann.

Das waldbauliche Bild dieses Bestandes ist gleichfalls wenig erfreulich, es ist ein sehr wüchsiges, aber sehr grobringiges und ästiges Holz. Etwa 100 m östlich kann man auf gleichem Standort ältere Kiefern beobachten, die aber qualitativ gar nicht befriedigen. Die Gefahr des Windwurfes ist im späteren Alter gleichfalls groß. Auch bei dieser Grundwasserhöhe sollte der Anbau der Kiefer besser unterbleiben.

II. Kiefern im Gebiet des Eichen-Birkenwaldes

Die standörtlichen Grundlagen der nächstfolgenden Stämme sind die gleichen. Die Stämme standen auch in keiner großen Entfernung voneinander. Es handelt sich alles um den oben beschriebenen stark podsolierten Talsand mit dem kompakten Ortstein-Gleihorizont. Die Bodenflora ist hier vor allen Dingen durch den hohen Adlerfarn gekennzeichnet, es ist der oben erwähnte Pteridium-Typ des Eichen-Birkenwaldes.

Stamm Nr. 3

Stamm Nr. 3 stand in einem Alter von 50 Jahren. Die Rohhumusdecke betrug hier 5–7 cm.

Ein sehr weitgehendes Oberflächenwurzelsystem war hier ausgebildet, die längsten Wurzeln erreichten eine Entfernung von etwa 7 m vom Stamm.

Im allgemeinen verliefen diese Wurzeln in der Grenzschicht zwischen Rohhumus und Bleichsand. Die Regel war, daß die Wurzeln bis zu einer Entfernung von 1,00–1,50 m vom Stamm in den Bleichsand tauchten und dann wieder emporkamen. Die Endigungen lösten sich in allen Fällen im Rohhumus in viele kleine Wurzeln auf. Außerdem entsandten die Oberflächenwurzeln in den Rohhumus eine große Anzahl von kleinen Seitenwurzeln, die sich ebenfalls fein verzweigten.

Ein Absterben von Oberflächenwurzeln wurde nur einmal beobachtet, diese Wurzel fand ihre Fortsetzung in der Bildung einiger Adventivwurzeln nach dem noch zu besprechenden Typ 3.

Was die Ausbreitung der Oberflächenwurzeln der Zeit nach anbetrifft, so konnte bei diesem nicht allzu alten Baum die Analyse einigermaßen sicher durchgeführt werden, wenn auch die letzten Enden keinen Unterschied zwischen Früh- und Spätholz aufwiesen.

Es ergab sich, daß bis zum 30. Jahr die Ausbreitung nicht allzu groß war, sie kaum die Kronenprojektion übertraf, erst nach dem 30. Jahr erfolgte ein starkes Wachstum der Oberflächenwurzeln. Als Beispiel sei die Analyse einiger Oberflächenwurzeln gegeben nebst der Anzahl der primären Xylemstränge und der Anzahl der kleinen Seitenwurzeln im vorhergehenden Abschnitt.

	Entfernung vom Stamm	Alter der Wurzel	Anzahl der prim. Xylemstr.	Anzahl der Seitenwurzeln
1.				
	40 cm	21 Jahre	2	
	1 m	17 „	2	8
	2 m	13 „	2	6
	3 m	8 „	2	9
	4 m	4 „	3	6
	5 m	2 „ ?	3	12
	5,80 m	1 „ ?	3	10
2.				
	67 cm	44 „	2	
	1 m	22 „	2	3
	2 m	17 „	2	11
	3 m	12 „	2	8
	4 m	9 „	3	11
	4,50 m	5 „	3	5

Die Ansatzstellen der Seitenwurzeln am Stamm waren durchwegs sehr exzentrisch. Die Exzentrizität gibt sich aber schon nach kurzer Entfernung vom Stamm.
Beispiel:

0 m $d_1 = 7{,}2$ cm, $d_2 = 2{,}4$ cm
0,20 m $d_1 = 4{,}8$ cm, $d_2 = 2{,}1$ cm
0,40 m $d_1 = 2{,}6$ cm, $d_2 = 1{,}1$ cm
0,70 m $d_1 = 1{,}2$ cm, $d_2 = 1{,}0$ cm

0 m $d_1 = 20{,}5$ cm, $d_2 = 9{,}5$ cm
0,70 m $d_1 = 4{,}7$ cm, $d_2 = 4{,}0$ cm

An allen Oberflächenwurzeln konnten in der Nähe des Stammes 3—4 Abläufer beobachtet werden, die senkrecht zur Ortstein-Gleischicht hinuntergingen, auch sie waren sehr exzentrisch gebaut, und zwar war der Kern in Richtung des Stammes verschoben.

Neben den Abläufern gingen auch einige Wurzeln schräg in den Bleichsand und verliefen in diesem fast waagerecht.

Der Stamm hatte eine regelrechte Pfahlwurzel ausgebildet, die in einer Tiefe von 60 cm auf den harten Ortsteinglei stieß (s. Abb. 7).

Abb. 7. Stamm Nr. 3. Ausbreitung der Wurzeln auf dem Ortseingleihorizont

Hier verzweigte sie sich nach allen Richtungen und kroch auf der festen Schicht entlang, die Endigungen bildeten ein ganz dichtes Wurzelgewirr, das fest auf der Ortsteingleischicht aufgelagert war und in sämtliche Vertiefungen hineinging.

Dieses kriechende Wurzelwerk hatte einen Durchmesser von etwa 2 m. Die nähere Analyse ergab, daß die Wurzeln nicht streng radial wuchsen, sondern sich kreuzten und Verwachsungen bildeten.

Das Alter der Pfahlwurzel in 50 cm Tiefe war 47 Jahre. Die Jahresringzählungen der Seitenwurzeln ergaben, daß diese keineswegs nach allen Seiten gleichmäßig gewachsen waren, man konnte deutlich ältere erkennen, die in 1 m von der Pfahlwurzel 29 bzw. 26 Jahre alt waren, während andere in dieser Entfernung ein Alter von 13 bzw. 10 Jahren hatten.

Zusammenfassend kann man sagen, daß die Wurzelentwicklung des Stammes Nr. 3 ein reiches Oberflächenwurzelnetz mit Abläufern in der Nähe des Stockes zeigt, weiter die Bildung schräg in den Bleichsand gehender Wurzeln vorhanden ist und ein auf dem Ortsteingleihorizont streichendes, gut entwickeltes Tiefenwurzelwerk ausgebildet ist.

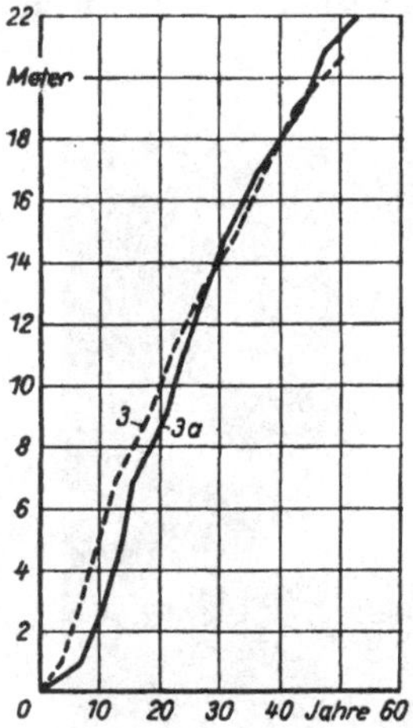

Kurve 1

Die Stammanalyse (s. Kurve Nr. 1) zeigt, daß der Höhenzuwachs ziemlich gleichmäßig war, mit 50 Jahren erreichte der Stamm 20,8 m, das ist über I. Bonität nach Schwappach 08. Die verfestigte Ortsteingleischicht hat sich nicht nachteilig auf den Höhenzuwachs ausgewirkt.

Verglichen mit einem Stamm Nr. 3a, der nur 40 m entfernt stand und sich auf einer Lücke im Ortsteingleihorizont befand, war ein geringes Zurückbleiben im Höhenwachstum zu erkennen.

Stamm Nr. 4

Ungefähr 100 m westlich vom Stamm Nr. 3 wurde aus dem angrenzenden annähernd 100jährigen Kiefernbestand im Jagen 161a der Stamm Nr. 4 entnommen.

Der Standort ist der gleiche wie beim Stamm Nr. 3, nur ist der Adlerfarn infolge der lichteren Stellung des Bestandes viel üppiger entwickelt.

Das Oberflächenwurzelsystem des Stammes Nr. 4 war sehr reichlich entwickelt. Es waren das nicht nur die auf Abb. 8 dargestellten Hauptwurzeln, sondern noch eine Unmenge von Nebenwurzeln. Die Oberflächenwurzeln verliefen in der Grenzschicht zwischen Rohhumus und Bleichsand, und zwar in der schon oben erwähnten schwarzen, schmierigen Humusschicht, in der Nähe des Stammes tiefer, später wieder aufsteigend. Beim Stamm Nr. 4 war eine auffällige Entwicklung der Oberflächenwurzeln in westlicher Richtung zu beobachten, die aber nur zufällig sein dürfte.

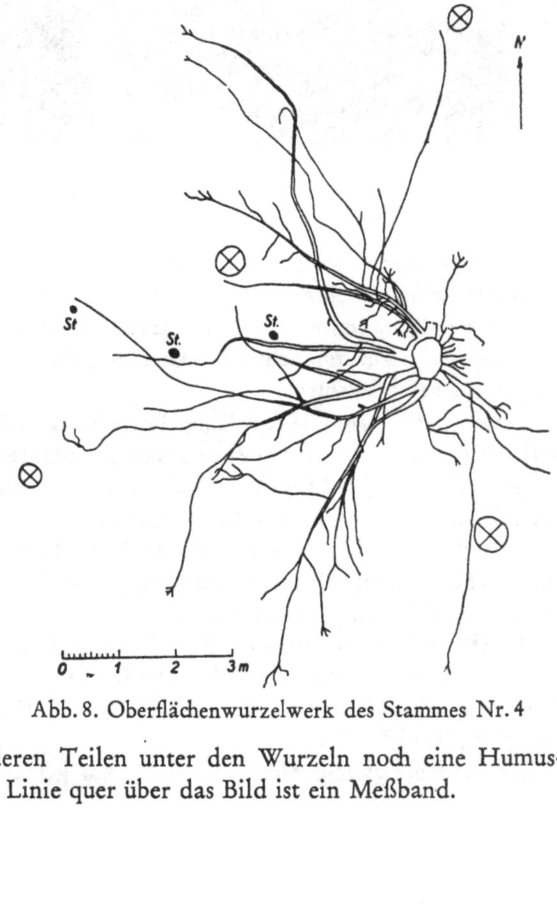

Abb. 8. Oberflächenwurzelwerk des Stammes Nr. 4

Abb. 9 zeigt eine photographische Aufnahme von einem Nachbarstamm hinab, die weißen Flecken bezeichnen den Bleichsand, während in den anderen Teilen unter den Wurzeln noch eine Humusschicht anzutreffen ist. Die weiße Linie quer über das Bild ist ein Meßband.

Überblickt man das Oberflächenwurzelsystem des Stammes Nr. 4, so sieht man, daß ähnlich wie beim Stamm Nr. 3 eine intensive Durchwurzelung des Rohhumus stattfindet, somit die Nährstoffreserven, die in ihm aufgespeichert sind, vom Baum ausgenutzt werden.

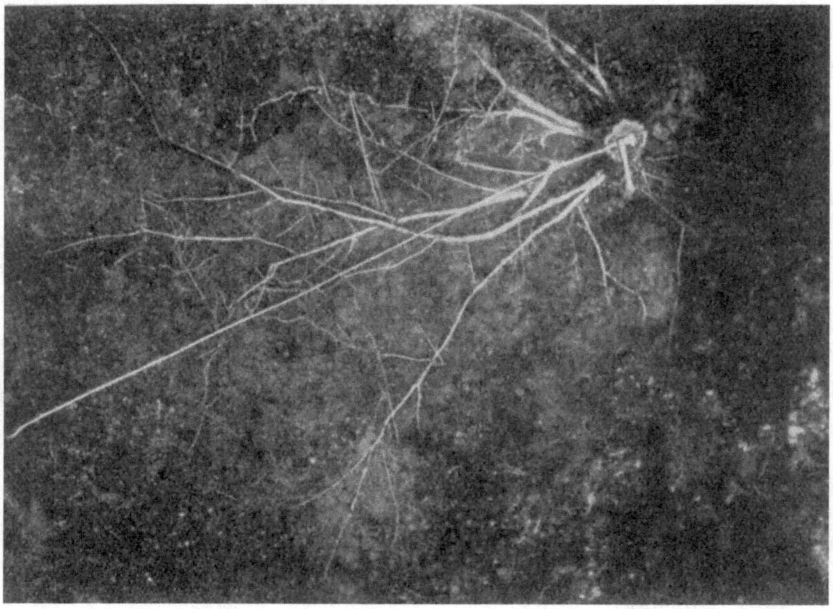

Abb. 9. Teil des Oberflächenwurzelwerks des Stammes Nr. 4

Die Altersbestimmung der Oberflächenwurzeln des Stammes Nr. 4 stieß auf große Schwierigkeiten. Während beim Stamm Nr. 3 das Alter noch einigermaßen sicher bestimmt werden konnte, trat beim Stamm Nr. 4 die Tatsache der Bildung einer sog. „homogenen" Holzzone sehr in Erscheinung, einer Zone, in der kein erkennbares Spätholz mehr gebildet wurde.

Diese Zone begann meist in einer Entfernung von 2 m vom Stamm, an einem Kern mit gut erkennbaren Jahresringen folgte ein Mantel von weitlumigem Holz, der eine Altersbestimmung nicht mehr zuließ. In weiterer Entfernung vom Stamm wurde auch die in Früh- und Spätholz differenzierte Zone im Kern sehr undeutlich, nur eine Reihe von Spätholz wurde angelegt, während in den letzten Metern nur noch homogen weitlumiges Holz anzutreffen war. Ganz augenscheinlich war die Funktion der Oberflächenwurzeln auf Stofftransport eingestellt.

Weiterhin war die merkwürdige Tatsache festzustellen, daß die letzten Wurzelendigungen eine ganz auffallende dicke Borke gebildet hatten, die die Dicke des Holzkörpers erheblich übertraf. Eine physiologische Erklärung dieser Borkenverhältnisse zu geben, ist nicht einfach.

Die in den ersten 2 Metern vom Stamm gemachten sicheren Altersbestimmungen zeigten, daß das Längenwachstum der Oberflächenwurzeln nicht so regelmäßig wie beim Stamm Nr. 3 verlaufen ist. Einzelne Wurzeln sind vorgewachsen, während andere im Wachstum zurückgeblieben sind, und erst allmählich hat sich der Halbkreis des Oberflächenwurzelwerks des Stammes Nr. 4 ausgefüllt.

Die Beobachtung von Wagenhoff (48), daß Wurzeln häufig absterben und deren weitere Funktion von Wurzeln zweiten Grades und so fort übernommen wird, konnte auf diesem Standort nicht gemacht werden. Fast alle Wurzeln waren primär angelegt, Faulstellen waren nur ganz wenig beobachtet, hier trat Adventivwurzelbildung ein, auch tote Wurzeln wurden nicht festgestellt, alle Wurzeln waren beim Ausgraben lebend.

Von den Oberflächenwurzeln gingen bis in eine Entfernung von etwa 5 m vom Stamm Abläufer sowohl senkrecht wie auch schräg hinunter, und zwar in größerer Anzahl als beim Stamm Nr. 3. Die senkrecht verlaufenden Abläufer gingen durch die Bleichsandzone auf den Ortsteinglei und verzweigten sich hier mehrfach, indem die Verzweigungen radial von und zum Stamm verliefen. Die ganzen Absenker hatten so eine fußartige Form.

Die Zeit, in der die Bleichsandzone durchwachsen wurde, war ganz verschieden, z. B. 13, 21, 11, 24, 24, 9, 32 Jahre.

In weitaus geringer Anzahl waren Wurzeln ausgebildet, die schräg in den Bleichsand gingen und auch in diesem verblieben.

Das vertikale Wurzelsystem des Probestammes, zu dem man eigentlich auch die Abläufer rechnen müßte, zeigt die Ausbildung eines regelrechten Wurzelstativs.

Abb. 10. Vom Stamm senkrecht nach unten abgehende Hauptwurzeln

Bei der näheren Verarbeitung der in unmittelbarer Nähe des Stammes in die Tiefe gehenden Wurzeln zeigte es sich, daß es sich eigentlich nur um Abläufer von Oberflächenwurzeln handelte, die allerdings ganz nah am Stamm saßen und die gleiche fußartige Ausbildung hatten wie die oben geschilderten Abläufer.

Nach der Entfernung derselben kam nun die eigentliche Pfahlwurzel zum Vorschein. Diese Pfahlwurzel stieß senkrecht auf die steinharte Ortsteingleischicht und lief im rechten Winkel nach beiden Seiten auf dieser weiter.

Beim Nachschneiden stellte es sich heraus, daß die Pfahlwurzel aus zwei Wurzeln verwachsen war, von denen eine nach rechts, die andere nach links abbog.

Vor dem Abbiegen war diese Doppelwurzel 89 Jahre alt. Der Baum traf also mit ungefähr 9 Jahren auf die Ortsteingleischicht. Zuerst erfolgte das Wachstum auf ihr schnell: 50 cm nach weiteren 7 Jahren, 1,00 m wurden 3 Jahre darauf erreicht, aber erst nach weiteren 20 Jahren erreichte die Wurzel 1,50 m Entfernung von der Stammmitte.

Bei allen auf der Ortsteingleischicht aufliegenden Wurzeln war eine große Verzweigung festzustellen. Meist wurde ein dichter unentwirrbarer Wurzelfilz gebildet, der auf der harten Schicht auflag und alle etwa auftretenden Einsenkungen ausfüllte. Dieser Wurzelfilz bestand eigentlich nur aus Wurzeln mit kaum Sand dazwischen.

Die Ortsteingleischicht ist in sich nicht homogen ausgebildet, man sieht in ihr mehr oder minder breite Manganstreifen von nicht so fester Beschaffenheit. In diese schwarzen Streifen wuchsen immer wieder einzelne Wurzeln ein, wobei sie eine vollkommen plattgedrückte Gestalt annahmen, sie verzweigten sich und konnten hier noch eine ganze Strecke fortlaufen.

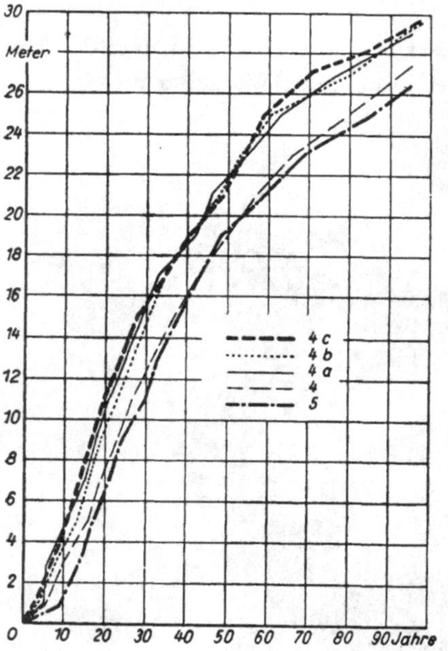

Kurve 2

Durch die Ortsteingleischicht gelang es aber keiner Wurzel durchzubrechen.

Man sieht, daß die Kiefernwurzel versucht, durch alle sich ihr entgegenstellenden Hindernisse hindurchzuwachsen und sich an die vorhandenen Bedingungen anzupassen.

Die Höhenentwicklung des Stammes Nr. 4 zeigt die Kurve Nr. 2. Der Stamm erreichte mit 98 Jahren 28,10 m. Um einen noch besseren Einblick in die Wuchsverhältnisse dieses Bestandes zu gewinnen, wurden noch zwei weitere Stämme aus der Nachbarschaft analysiert (Stamm 4a und 4b).

Stamm	4a	94 Jahre	29,00 m
„	4b	98 „	29,70 m

Alle Stämme gehören zur I. Ertragsklasse nach Schwappach 08. Der Gang des Höhenwachstums ist bei allen ziemlich gleich. In den letzten Jahren tritt beim Stamm 4 eine gewisse Abflachung ein, während die Stämme 4a und 4b noch guten Höhenzuwachs haben. Verglichen mit dem Stamm 4c, der das Grundwasser in einer Ortsteingleilücke erreicht, ist das Wachstum der Stämme 4, 4a und 4b auf Ortsteinglei zum Teil besser.

Die Holzqualität ist im allgemeinen nicht gut, ein sehr breitringiger Kern und grobästiges und beuliges Holz mit eingewachsenen Schwarzästen.

Stamm Nr. 5

Um das Wurzelwerk der Kiefer auf diesem Standort noch besser kennenzulernen, wurde in 20 m Entfernung vom Stamm 4 ein Probestamm 5 entnommen. Die Standortsbedingungen sind die gleichen wie beim Stamm 4. Das Alter des Stammes 99 Jahre.

Das Oberflächenwurzelwerk des Stammes 5 war sehr weitstreichend, bis zu 7 m vom Stamm.

Altersfeststellungen der Oberflächenwurzeln waren bei diesem Stamm gänzlich unmöglich, die sog. homogene Zone setzte schon sehr früh in der Stammnähe ein.

Wie beim Stamm 4 hatten die Oberflächenwurzeln in der Stammnähe Abläufer, deren Zahl aber 3 nicht überstieg.

Abb. 11.
Oberflächenwurzeln des Stammes Nr. 5

Abb. 12. Wurzelstock vom Stamm Nr. 5

Im Gegensatz zu Stamm 4 waren hier die Ansätze der Oberflächenwurzeln sehr exzentrisch gebaut (s. Abb. 12), auch treten hier zwei starke Wurzeln auf, die, vom Stamm ausgehend, schräg in den Bleichsand verliefen und auch dort endigten.

Wie auf Abb. 12 zu ersehen ist, hatte auch der Stamm Nr. 5 eine „Pfahlwurzel“, deren Fortsätze auf dem Ortsteingleihorizont langkrochen und rechts in einer Vertiefung ein dichtes Wurzelgeflecht bildeten. Beim Nachschneiden ergab sich aber, daß die scheinbar kompakte Pfahlwurzel aus drei Wurzeln zusammengewachsen war, die in den auf dem Ortsteingleihorizont laufenden Wurzeln ihre Fortsätze hatte.

Jahresringzählungen zeigten, daß bei der Knickstelle eine Wurzel 88 Jahre alt war, eine andere 80 Jahre, daß also das Tiefenwachstum nicht gleichmäßig erfolgt ist. Immerhin hat die älteste Wurzel 11 Jahre gebraucht, um auf die verfestigte Schicht zu gelangen.

Im ganzen war die Tiefenwurzelentwicklung des Stammes Nr. 5 viel einfacher als beim Stamm Nr. 4. Es fehlten z. B. die stammnahen Abläufer, auch war, wie gesagt, die Abläuferbildung nicht so stark, so daß das ganze Wurzelwerk einen viel schwächeren Eindruck machte.

Darauf mag zurückzuführen sein, daß das Höhenwachstum des Stammes nicht so gut war, wie das des Stammes Nr. 4 (s. Kurve Nr. 2). Er blieb im allgemeinen zurück und erreichte mit 99 Jahren 26,5 m, das ist immerhin noch I./II. Bonität nach Schwappach 08.

Im einzelnen war die Wurzelausbildung durchaus ähnlich wie beim Stamm 4, so daß die dort geschilderten Verhältnisse für diesen Standort typisch sind.

Kombiniert man die Wurzelentwicklung des halb so alten Stammes 3 mit den Stämmen 4 und 5, so gewinnt man ein gutes Bild der Kiefernwurzelbildung auf verhärtetem Ortsteingleihorizont.

Während es sich bei allen untersuchten Kiefern um nachweislich künstlich angelegte Kiefernbestände handelt, wurde noch die Wurzelausbildung von Eichen untersucht, da diese Holzart nachweisbar im ganzen Untersuchungsgebiet von Natur aus vorgekommen ist.

Die Eichen wurden vom letztbeschriebenen Standort entnommen, sie standen 50 bis 100 m südlich der Kiefern 4 und 5, zwei Stämme auf verfestigtem Ortsteingleihorizont und ein Stamm auf einer Lücke in demselben.

III. Stieleichen im Eichen-Birkenwald

Stamm Nr. 6

Abb. 13.
Wurzelentwicklung von Stamm Nr. 6

Eine 108jährige Stieleiche wurde aus dem annähernd 100jährigen Kiefernbestand im Jagen 120e entnommen. Es war ein kräftiger und wüchsiger Stamm, der 22,5 m Höhe erreichte, also nicht ganz so hoch wurde wie der ihn umgebende Kiefernbestand.

Eigentliche Oberflächenwurzeln wie die Kiefern hatte der Stamm nicht, vielmehr senkten sich die vom Stamm entspringenden „Oberflächenwurzeln“ nach ungefähr 1 m oder früher in den Bleichsand und liefen in diesem weiter in einer Tiefe von 20—30 cm, nur eine Wurzel kam wieder an die Oberfläche und verlief im Rohhumus weiter.

Direkt vom Stamm ging aber ein Netzwerk schwächerer Wurzeln aus, die den Rohhumus intensiv durchwurzelten, ihre Länge ging aber über 1 m kaum hinaus. Außerdem entsandten die im Bleichsand streichenden Wurzeln Abläufer nach oben, die sich im Rohhumus fein verzweigten, eine Tatsache, wie sie schon Hilf (24) bei der Buche schilderte.

Die sog. Oberflächenwurzeln hatten extrem exzentrische Wurzelanläufe (s. Abb. 14) z. B. $d_1 = 7{,}6$ cm, $d_2 = 12{,}8$ cm oder $d_1 = 8{,}9$ cm und $d_2 = 21{,}6$ cm. Auch von diesen Wurzelanläufen gingen eine Unzahl feiner Würzelchen in den Rohhumus.

Von den „Oberflächenwurzeln“ gingen auch eine Anzahl von Abläufern entweder senkrecht oder schräg nach unten, die dann auf der Ortsteingleischicht weiterliefen.

Unter den „Oberflächenwurzeln“ entsprangen vom Stamm eine ganze Anzahl von Wurzeln, die fast waagerecht im Bleichsand verliefen, einige, die senkrecht nach unten gingen und auf dem Ortsteinglei krochen, so daß auf dem Ortsteinglei ein reiches Wurzelwerk entwickelt war.

Eine eigentliche Pfahlwurzel war auch festzustellen (s. Abb. 15), sie war doppelt angelegt, stieß auf den Ortsteinglei und lief auf diesem weiter.

Altersfeststellungen der Wurzeln waren in allen Fällen unmöglich, Jahresringe konnten in den Wurzeln kaum unterschieden werden, es waren meist weitlumige Holzzellen, dazu eine übergroße Anhäufung von Markstrahlen, so daß eine Zählung zwecklos war.

Abb. 14.
Wurzelanläufe beim Stamm Nr. 6

Wie aus dem oben Geschilderten hervorgeht, gelingt es der Eiche nicht, durch den Ortsteingleihorizont durchzudringen, jedoch läßt ihre Wurzelausbildung auf eine viel bessere Verankerung als bei der Kiefer schließen, vor allen Dingen ist hier der Grausand reich durchwurzelt, während im Rohhumus mehr die feinen Nahrungswurzeln sich befinden.

Im Laufe der Jahre ist die Eiche, die etwas älter war als der sie umgebende Kiefernbestand, von den Kiefern im Wachstum überholt worden, sie hatte auch kaum die II. Bonität erreicht, war aber sehr wüchsig und lebenskräftig auf dem seit alters her von ihr eingenommenen Standort.

Stamm Nr. 7

Neben den gutwüchsigen Eichen kommen im selben Bestand auch Eichen vor, deren Stamm in geringer Höhe sein Höhenwachstum einstellt. Bei einigen Stämmen wuchs er im rechten Winkel seitwärts weiter, bei anderen entstanden regelrechte Trauerformen.

Eine Eiche von der ersteren Ausbildung wurde ausgesucht, um zu untersuchen, wie sich das Wurzelwerk eines solchen Baumes verhält. Der Stamm war 98 Jahre alt, bei

8 m war der erwähnte Knick vorhanden, hier war der Stamm 58 Jahre alt, hatte also 40 Jahre gebraucht, um 8 m Höhe zu erreichen.

Die Oberflächenwurzelentwicklung war ähnlich wie beim Stamm Nr. 6, nur weit schwächer (Abb. 16).

Abb. 15. Wurzelstock vom Stamm Nr. 6

Stärkere Wurzeln gingen schräg in den Bleichsand mit ebenfalls sehr exzentrischen Anläufen, die ihre Exzentrizität noch ziemlich weit beibehielten, z. B.:

0 m	d_1 = 4,6 cm,	d_2 = 12,8 cm	–	d_1 = 4,7 cm,	d_2 = 12,8 cm
0,5 m	d_1 = 3,9 cm,	d_2 = 7,5 cm	–	d_1 = 5,1 cm,	d_2 = 6,3 cm
1 m	d_1 = 3,4 cm,	d_2 = 5,5 cm	–	d_1 = 2,5 cm,	d_2 = 3,8 cm

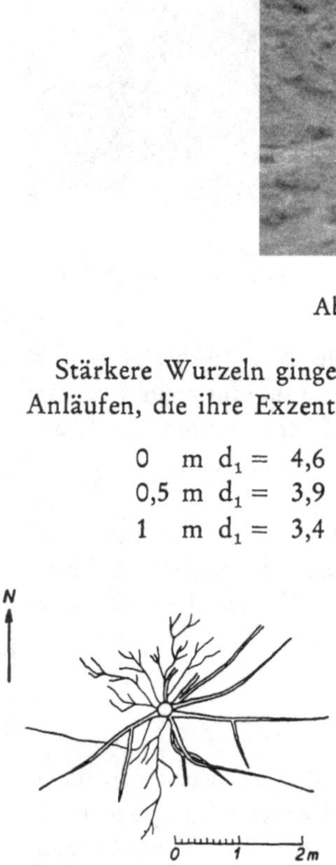

Abb. 16. Oberflächenwurzeln vom Stamm Nr. 7

In der unmittelbaren Nähe des Stammes war wieder eine starke Ausbildung eines feinen Wurzelwerks im Rohhumus zu beobachten.

Die Oberflächenwurzeln hatten einige Absenker nach unten. Unter dem Stamm gingen einige Wurzeln seitwärts in den Bleichsand. Eine Pfahlwurzel war auch zu beobachten (Abb. 17), sie traf auf den Ortsteingleihorizont und verlief auf ihm unter Krümmungen weiter.

Es zeigte sich also, daß der kümmerlich entwickelte Stamm auch kein großes Wurzelsystem ausgebildet hatte und die Wurzelentwicklung sich in der Hauptsache auf die Bleichsandschicht beschränkte.

Es zeigte sich also, daß der kümmerlich entwickelte Stamm auch kein großes Wurzelsystem ausgebildet hatte und die Wurzelentwicklung sich in der Hauptsache auf die Bleichsandschicht beschränkte.

Stamm Nr. 8

Der Probestamm Nr. 8 war eine mitwüchsige starke Stieleiche, die sich ungefähr 100 m südlich des Stammes Nr. 6 befand, hier war eine Lücke im Ortsteingleihorizont, so daß die Wurzeln den feuchten Talsand erreichen konnten.

Abb. 17. Wurzelstock vom Stamm Nr. 7

Genau wie die anderen untersuchten Eichen hatte auch der Stamm 8 mächtige extrem exzentrisch gebaute Anläufe der sog. Oberflächenwurzeln. Auch hier gingen sie schräg in den Bleichsand und verliefen in ihm fast waagerecht.

Bemerkenswert ist ferner, daß fein verzweigte, sich im Rohhumus auflösende Wurzeln hier nicht gefunden wurden, was wahrscheinlich auf gute Versorgung mit Wasser aus dem feuchten Talsand zurückzuführen ist.

Dagegen zeigten die schräg in den Bleichsand gehenden Wurzeln sehr intensive Abläuferbildung, sowohl senkrecht nach unten wie schräg zur Seite. Die Abläufer gelangten in den feuchten Talsand und verzweigten sich hier sehr stark, so daß ein dichtes Wurzelgewirr entstand.

Unterhalb der Ansätze der Oberflächenwurzeln gingen eine große Anzahl von fast waagerecht verlaufenden Wurzeln (s. Abb. 15) in den Bleichsand, von diesen wieder eine Menge Abläufer nach unten, so daß eine dichte Durchwurzelung des Bleichsandes festzustellen war.

Eine Pfahlwurzel konnte man auch erkennen, sie ging in den feuchten Talsand und verzweigte sich hier intensiv.

So ist auch beim Stamm 8 eine sehr gute Durchwurzelung des Bleichsandes festzustellen, man muß sagen, daß die Hauptwurzelmasse sich in ihm befindet, während eigentliche im Rohhumus verlaufende Oberflächenwurzeln gar nicht vorhanden waren und eine große Zahl von Abläufern in den Talsand gelangte.

Der Stamm selbst erreichte im Alter von 110 Jahren eine Höhe von 25,5 m. Das bessere Höhenwachstum als beim Stamm 6 ist auf das Erreichen des Grundwassers zurückzuführen.

Die Wurzel- und Stammanalyse im Bereich des Eichen-Birkenwaldes zeigt, daß sowohl die Kiefer wie die Eiche den vorhandenen Wurzelraum verschieden ausnutzen, daß für die Kiefer der Rohhumus eine sehr wesentliche Nährstoffquelle ist und sie trotz des sehr sauren Bodens beste Bonität erreicht, was allerdings auf Kosten der Qualität und Standfestigkeit geht.

Abb. 18. Wurzelstock vom Stamm Nr. 8

IV. Kiefer im Bereich des Kiefern-Eichenwaldes

Aus dem Jagen 129 wurde, um eine Vorstellung der Wurzelentwicklung der Kiefer auf etwas entfernterem Grundwasser zu geben, ein Stamm im Myrtillustyp des Kiefern-Eichenwaldes entnommen.

Das Grundwasser befand sich hier in einer Tiefe von 2,20–2,40 m.

Die Oberflächenwurzeln, die nicht sehr zahlreich aber lang waren, verliefen an der Grenze zwischen Mineralboden und Rohhumus, vielfach gingen sie aber tiefer in den humosen Sand.

Bei der längsten auf Abb. 19 nach unten verlaufenden Wurzel war eine Analyse durchführbar, während die Altersbestimmung bei anderen Oberflächenwurzeln wegen der homogenen Ausbildung der äußeren Zone sehr unsicher war. Gleichzeitig sei die Anzahl der primären Xylemstränge angegeben. Alter des Stammes 113 Jahre.

Die Tabelle zeigt, daß das Längenwachstum keineswegs gleichmäßig geschah, auch in der Zahl der primären Xylemstränge herrschte keine Einheit (s. unten).

Nach der Tiefe hatte der Stamm eine große Anzahl von Wurzeln ausgebildet, so daß keine eigentliche Pfahlwurzel zu erkennen war. Unmittelbar unter den Oberflächenwurzeln gingen noch einige Seitenwurzeln ab, und zwar schräg nach unten, auch hatten die Oberflächenwurzeln einzelne Absenker. Besonders beachtenswert war eine Seitenwurzel, die aus 1 m Tiefe an die Oberfläche kam und hier als Oberflächenwurzel verlief. Auch waren am Stamm einige tote verkiente Seitenwurzeln zu beachten.

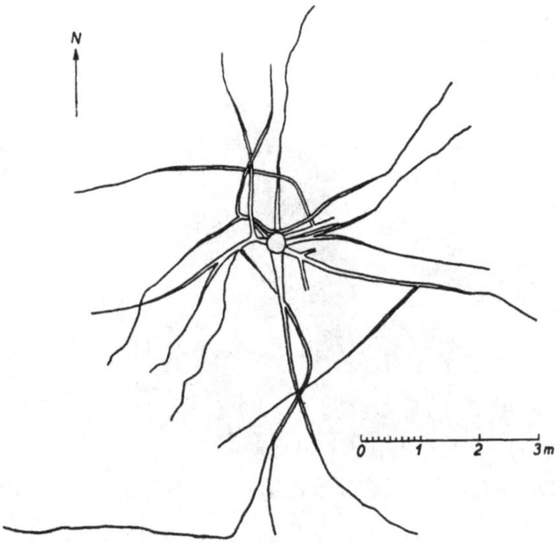

Abb. 19. Oberflächenwurzeln vom Stamm Nr. 9

Wurzelanalyse einer Oberflächenwurzel:

Entfernung vom Stamm	Anzahl der Jahresringe	Anzahl der primären Xylemstränge
0,75 m	70	3
1,00 m	66	2
1,50 m	54	2
2,00 m	45	2
3,00 m	36	2
3,50 m	32	3
4,00 m	30	3
4,50 m	28	2
5,00 m	26	2
5,50 m	20	2
6,00 m	17	2
6,50 m	15	3
7,00 m	12	3
7,50 m	10	3

Einige Seitenwurzeln gingen schräg nach unten in die Zone des Grundwassereinflusses und zeigten hier die für diesen Stamm bemerkenswerte besenartige Auflösung in viele kleine Wurzeln, wobei diese in eine Ebene gestellt waren.

Für die Analyse herausgegriffen sei eine solche Wurzel, die schräg vom Stamm in nördlicher Richtung in die Tiefe ging (s. Abb.20 und Schema a und b auf Seite 139 und 140).

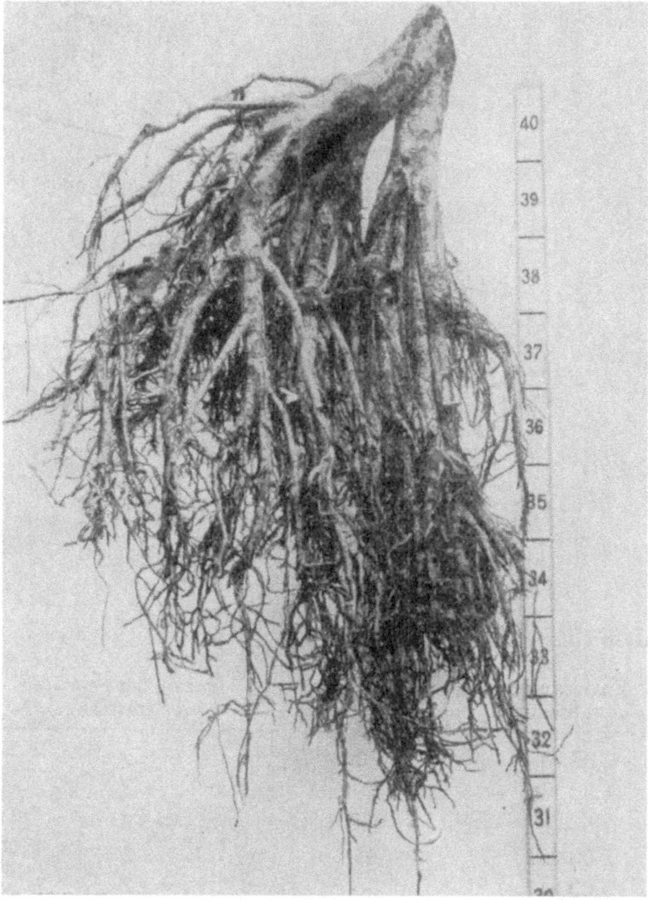

Abb. 20. Schräg in den Talsand verlaufende Wurzel vom Stamm Nr. 9

In 30 cm Tiefe wurde diese Wurzel abgeschnitten und zeigt 80 Jahresringe (diarch), nach 4 cm teilte sie sich in 2 etwa gleichstarke Wurzeln, deren Analyse nachstehend schematisch dargestellt sei.

Das Wachstum nach der Tiefe erfolgte, wie aus dem Schema a und b zu entnehmen ist, keineswegs gleichmäßig. Einige Wurzeln hatten schon eine größere Tiefe erreicht, andere blieben zurück, holten aber später die Tiefe wieder ein.

In einer Tiefe, die bei dieser Wurzel nicht gleichmäßig war, sie schwankte von 60 bis 80 cm, das sind 0,90 bis 1,10 m, unter der Bodenoberfläche starben fast alle Wurzeln ab, hatten jedoch in Adventivwurzeln ihre Fortsetzung, auf welche Erscheinung weiter unten eingegangen werden soll. Diese Adventivwurzeln reichten bis 1,40 m unter die Bodenoberfläche. Im Schema a und b sind nur die wichtigsten Wurzeln angegeben, da wie auf Abb. 24 zu ersehen ist, die Verzweigung sehr weit geht.

Anschließend sei noch die Analyse einer anderen Tiefenwurzel gegeben:

Tiefe unter der Bodenoberfläche	Alter	Anzahl der primären Xylemstränge
60 cm	68	2
110 cm	53	3
120 cm	48	2
122 cm	45	2
134 cm	39	2
137 cm	33	2
140 cm	30	2
143 cm	21 † abgestorben	2
152 cm	4 adventiv	3

Was den inneren Aufbau anbetrifft, so war keine Konstanz in der Zahl der primären Xylemstränge zu beobachten, innerhalb derselben Wurzel wechselten sie, wenngleich bei einigen eine gewisse Konstanz durch mehrere Abschnitte hindurch zu beobachten war. Auch kam es oft vor, daß eine außen scheinbar kompakte Wurzel mehrere Kerne hatte, die jeweils in Zweigwurzeln ihre Fortsetzung fanden. Die Anlage der Verzweigungen erfolgte zu gleicher Zeit und unmittelbar nebeneinander, jedoch trat bald eine Ausdifferenzierung in einzelne Wurzeln ein.

Das Verkienen des Kerns zieht keineswegs das Absterben der ganzen Wurzel nach sich, das zeigt das Beispiel einer ebenfalls schräg ablaufenden Tiefenwurzel.

Hier konnte beim Abschneiden der Wurzel festgestellt werden, daß der Kern und die eine Seite verkient waren. Die Verkienung setzte sich im Kern noch 50 cm weiter fort, hörte dann auf, die Wurzeln hatten einen gesunden Kern. In 70 cm vom Abschnitt trat wieder ein Absterben der Wurzeln ein, die sich adventiv bis 1,00—1,10 m fortsetzten. Vom inneren Aufbau wäre zu sagen, daß die Wurzel mit Ausnahme einer kleinen Seitenwurzel immer zwei primäre Xylemstränge hatte.

Vom Stamm gingen eine Anzahl von Wurzeln senkrecht in die Tiefe, die alle das gleiche besenförmige Aussehen hatten. Zehn solcher Wurzeln wurden untersucht, eine sei zur näheren Betrachtung herausgegriffen, die auf Abb. 21 schematisch unter Weglassung von einzelnen kleinen Wurzeln dargestellt ist.

Was zunächst den äußeren Bau anbetrifft, so entspringt diese Wurzel direkt unter dem Stamm, wo sie einen Durchmesser von 8 cm hat. In ungefähr 1,00 m Tiefe beginnt sie sich zu teilen, wobei die Aufteilung nach der Tiefe immer größer wird. Einzelne Wurzeln erreichen eine Tiefe von 2,00 m.

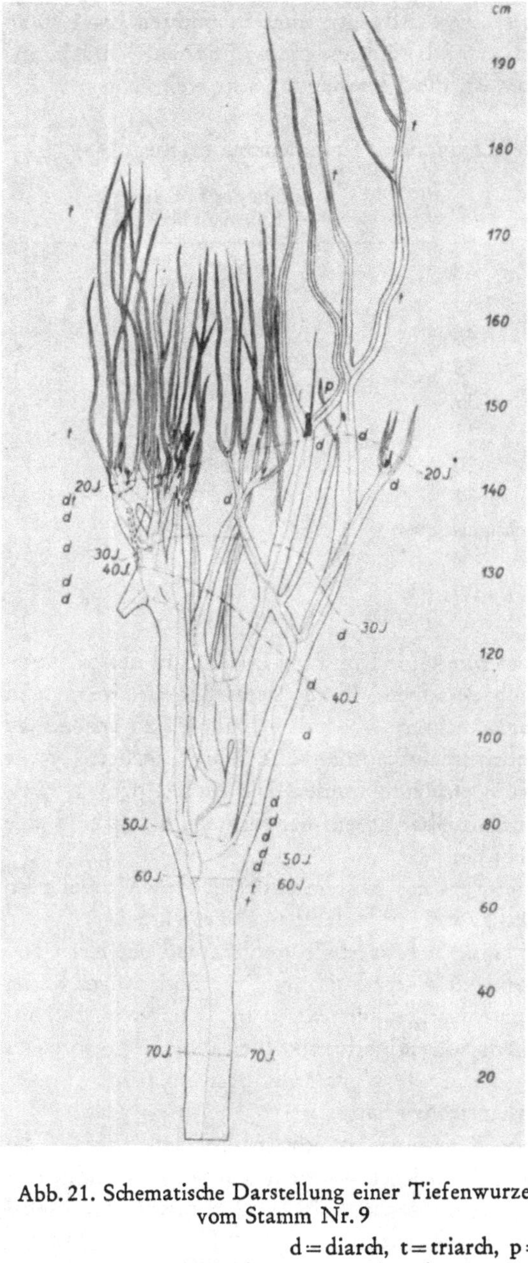

Abb. 21. Schematische Darstellung einer Tiefenwurzel vom Stamm Nr. 9

d = diarch, t = triarch, p = pentarch

Verlauf der ursprünglichen Kerne schwach ausgezogen, der der Adventivkerne stark ausgezogen. Abgestorbene Wurzeln schwarz.

Durch Analysieren der Hauptwurzeln gelang es, den inneren Aufbau kennenzulernen sowie den Wachstumsgang.

Bis zu einer Tiefe von 0,90 m war der innere Bau einheitlich, hierauf trat eine Vermehrung der Kerne auf, die die Anlagen für die tiefer erfolgende Verzweigung bildeten. In größerer Tiefe konnte man Überschneidungen und Verwachsungen beobachten. In einer Tiefe von 1,40—1,50 m starben alle Wurzeln ab und hatten ihre Fortsetzung in Adventivwurzeln.

Da Stamm 9 als einziger der Untersuchungsreihe eine starke Bildung von Adventivwurzeln zeigte, soll auf diesen Vorgang näher eingegangen werden, da er für die Erneuerung des Wurzelsystems der Kiefer von großer Bedeutung ist. Man kann verschiedene Arten der Bildung von Adventivwurzeln unterscheiden.

1. Die Spitze einer Vertikalwurzel stirbt ab (Abb. 22), sie verkient, die Verkienung geht auch höher in den Kern. An der untersten Stelle, an der noch Leben in der Wurzel ist, beginnt sie stärkere Jahresringe anzulegen, so daß hier ein kleiner Wulst entsteht. Dieser Wulst vergrößert sich nach einer Seite und bildet eine neue Wurzel, so daß hier der Charakter als Ad-

Schema a

d = diarch, t = triarch + = Kern verkient K = Kern

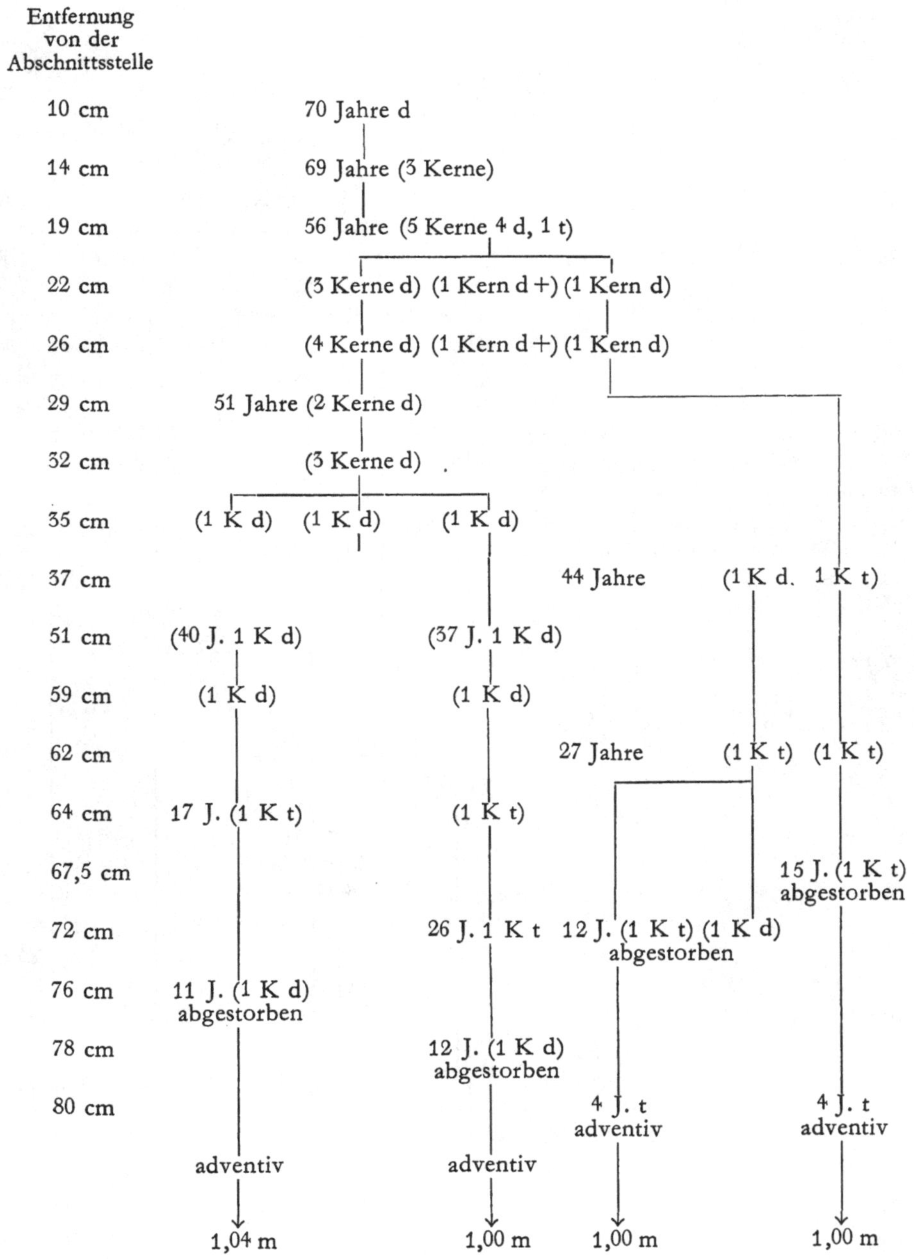

Schema b

Zeichenerklärung bei Schema a, Seite 139

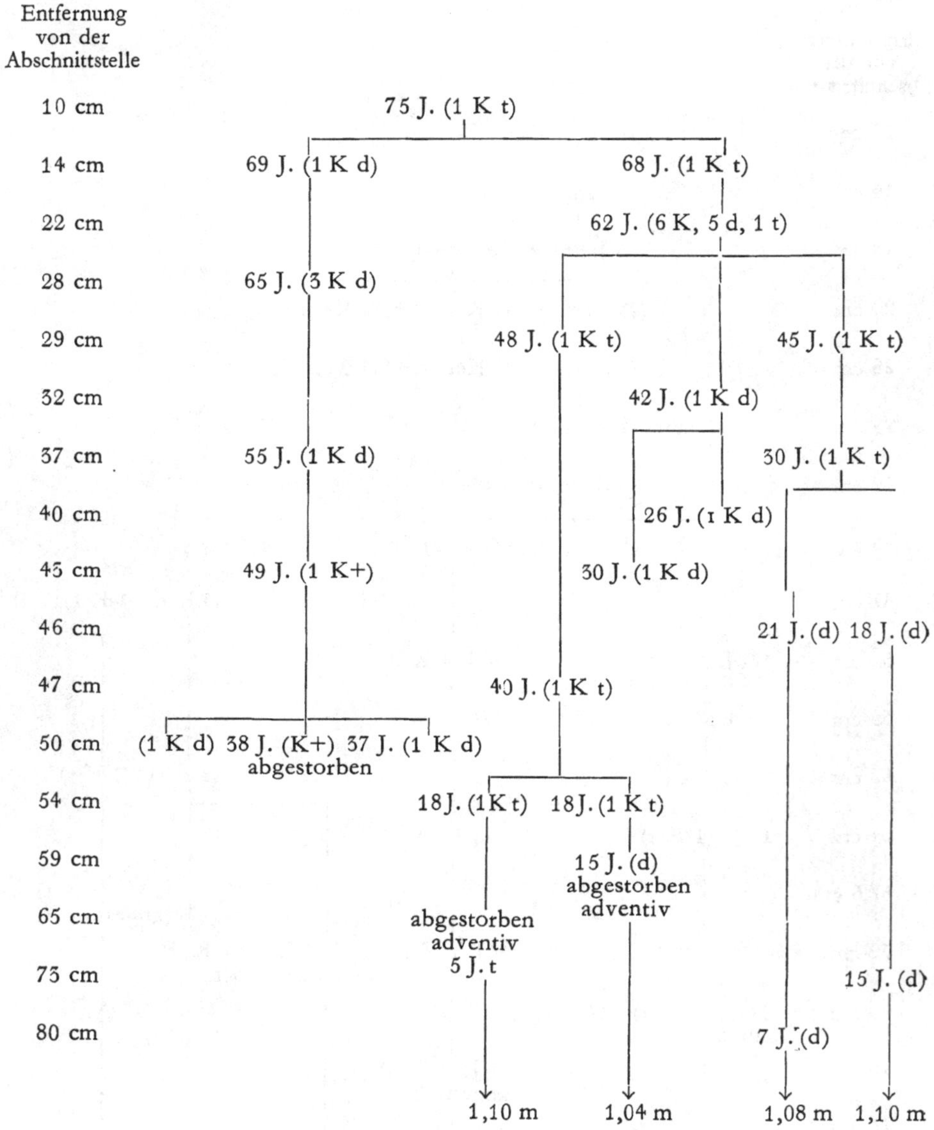

ventivwurzel gegeben ist, da ihr Kern mit dem Kern der primären Wurzel keinen Zusammenhang hat, er beginnt, wie auf Abb. 22 Mitte zu ersehen ist, an der Verkienungszone. Durch Nachschneiden ist diese Tatsache immer wieder bestätigt worden.

So bleibt der abgestorbene und verkiente Wurzelrest erhalten, während die sekundären Wurzeln, deren 2–5 an dem oben erwähnten Wulst gebildet werden können, noch 50 cm und mehr in die Tiefe wachsen können. Sie haben schon äußerlich ein viel frischeres Aussehen als die alten Wurzeln, vor allem ist ihre Borke viel heller gefärbt.

Auch anatomisch unterscheiden sich die sekundären Wurzeln von den primären. Während in den Endigungen der primären Wurzeln fast immer eine diarche Anlage der primären Xylemstränge zu beobachten war, waren die sekundären Wurzeln durchwegs triarch, eine sogar pentarch, was die Angaben von Liese (30) voll bestätigt.

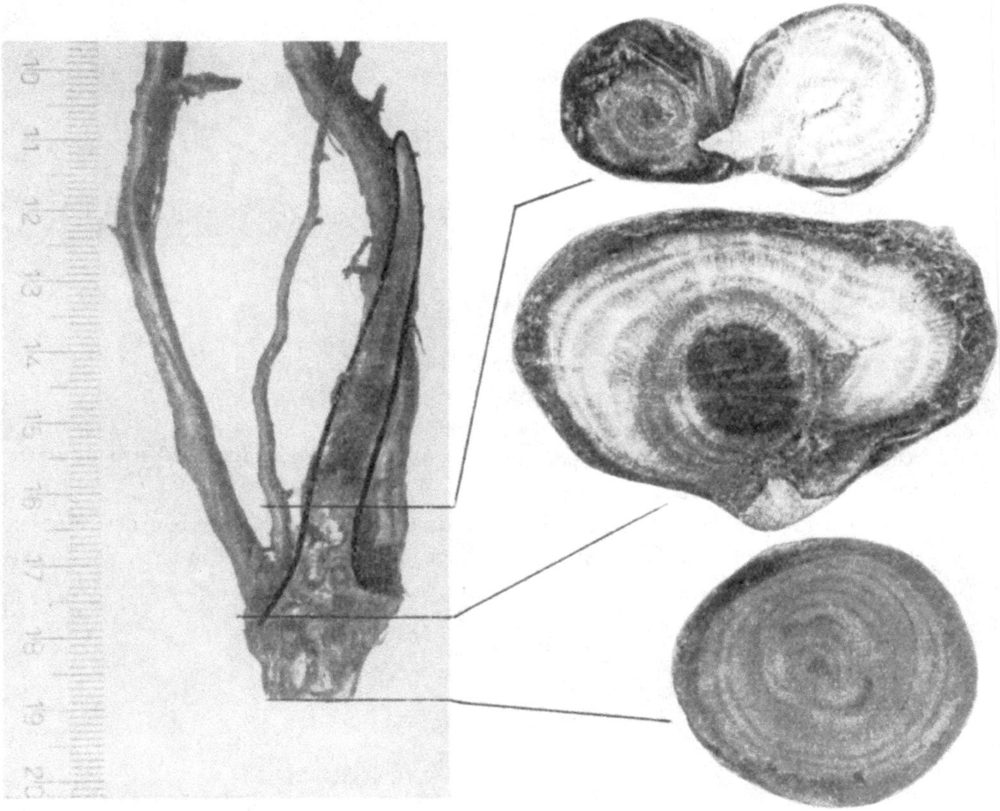

Abb. 22. Adventivwurzelbildung an einer Vertikalwurzel des Stammes Nr. 9

2. Nicht so deutlich ist äußerlich die Bildung von Adventivwurzeln beim folgenden Fall zu sehen (Abb. 23), da es so scheint, als ob die Wurzel sich normal fortsetzt.

Beim Nachschneiden bemerkt man aber, daß der Kern verkient ist und daß die primäre Wurzel ihre Endigung in einer kleinen unscheinbaren abgestorbenen „Seitenwurzel“ hat.

Der gesunde Ringmantel schließt sich bald wieder, so daß eine sekundäre Wurzel entstanden ist.

3. Eine dritte Art der Bildung von Adventivwurzeln wurde an Horizontalwurzeln beobachtet (Abb. 24). An der Absterbestelle verlief der gesunde, in allen Fällen ein Sektor des äußeren Teils des Ringmantels, noch ein Stück neben dem verkienten Kern. Hierauf aber schlossen sich die Jahresringe neu und bildeten so neue Wurzeln.

Man ersieht aus dem oben Gesagten, daß die Kiefer sehr wohl befähigt ist, abgestorbene Teile ihres Wurzelwerks zu ersetzen und sich den Bodenverhältnissen anzupassen.

Sehen wir uns die oben besprochene Tiefenwurzel (s. Seite 139) dem Altersaufbau nach an, so ist auch dort das Tiefenwachstum unregelmäßig, zwischen dem 50. und 60. Jahr und zwischen dem 30. und 40. Jahr ist deutlich eine Stokkung zu bemerken, so ist der Baum zwischen seinem 53. und 63. Lebensjahr nur etwa 6 cm in die Tiefe gewachsen.

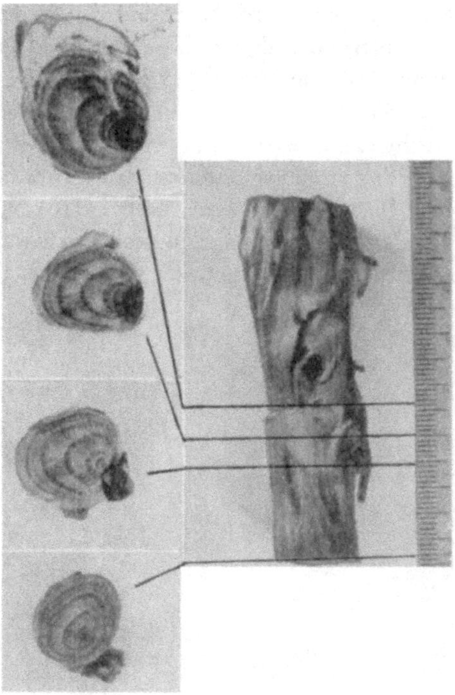

Abb. 23.
Adventivwurzelbildung an Vertikalwurzeln

Bei einem Alter von 20 Jahren ist nun das obenerwähnte Absterben der Wurzelendigungen eingetreten. Die Absterbezone liegt in einer Ebene (1,50 m unter der Boden-

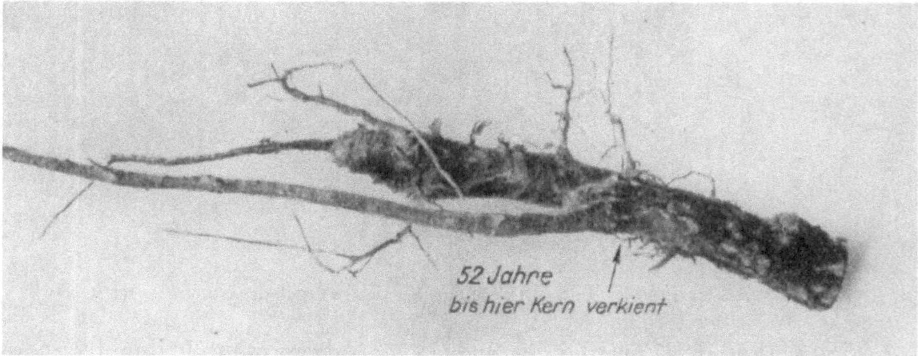

Abb. 24. Adventivwurzelbildung an Horizontalwurzeln

oberfläche). Bis dorthin ist also vor 20 Jahren das Grundwasser angestiegen und hat die Wurzeln zum Absterben gebracht. Dann ist es abgesunken und die darauf gebildeten Adventivwurzeln sind in die Tiefe gewachsen. Das stimmt auch mit anderen Beobachtungen in der Gegend überein, wonach beim Bau des Großschiffahrtweges das Grundwasser abgesunken ist.

Bemerkenswert war in diesen Tiefenwurzeln, daß dort die bekannten Spargelspitzenbildungen an allen Wurzelendigungen, die im feuchten Talsand sich befanden, zu beobachten war. Sowohl die Brett- oder Besenwurzelbildung wie auch die Spargelspitzen scheinen typisch für Kiefernwurzeln in Grundwassernähe zu sein.

Spargelspitzen stellen angeschwollene Wurzelspitzen vom weißlichen Aussehen dar, wodurch ihnen der Name gegeben wurde.

Es wurde versucht, anatomisch durch Quer- und Längsschnitte festzustellen, welche Elemente der Wurzel hier eine besondere Vergrößerung erfahren hatten.

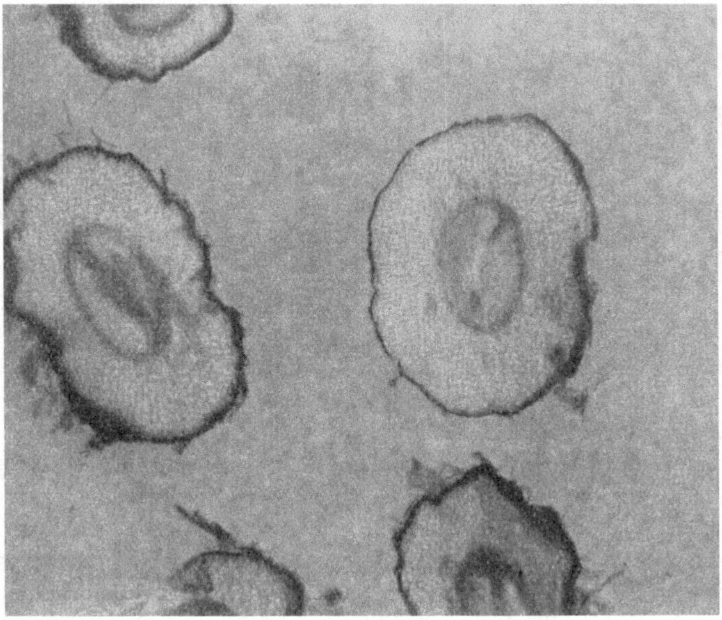

Abb. 25. Querschnitt durch eine Spargelspitze

Wie auf dem Querschnitt (Abb. 25) zu erkennen ist, ist es die primäre Rinde, die hier eine besondere Vergrößerung erfahren hat, und zwar durch weitlumige Zellen. Durch diese weitlumigen Zellen erscheint die Wurzelspitze weiß.

Nach oben zu wird, wie auf Abb. 26 zu sehen ist, die primäre Rinde durch die sich bildende Borke abgelöst. Die Verkorkung der äußeren Schichten der primären Rinde setzt schnell ein, auch bei abgeschnittenen Wurzeln, wenn sie wenige Tage an der Luft lagern.

Die primäre Borke der Wurzelendigungen entsteht direkt aus der primären Rinde, indem in einem Abstand von 1 cm von der Wurzelspitze alle Rindenzellen verkorken und so einen Borkenmantel bilden.

Spargelspitzen oder Spargelköpfe, wie sie von Liese bezeichnet werden, finden sich auch sonst an allen lebenden Wurzelendigungen, jedoch nicht so auffallend verdickt wie bei den im feuchten Sand sich befindlichen Wurzeln.

Eine andere auffallende Erscheinung an den untersuchten Wurzelendigungen war die starke Bildung von Seitenwurzeln (Abb. 27).

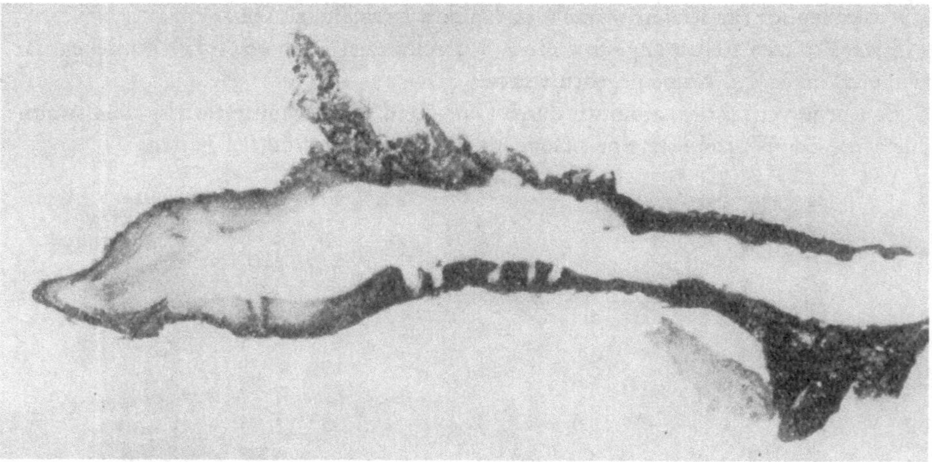

Abb. 26. Längsschnitt durch eine Spargelspitze

Sie wuchsen vom Zentralzylinder durch die primäre Rinde oder durch die primäre Borke, fast immer bilateral nach außen. Einige von ihnen bildeten die Anlagen zu späteren Seitenwurzeln und bogen nach unten um.

Durch diese vermehrte Seitenwurzelbildung ist einmal die starke Verzweigung der Tiefenwurzeln zu erklären, andermal ihre besenförmige Anordnung zu sogenannten Wurzelbrettern. Denn die primären Tiefenwurzeln sind in den meisten Fällen diarch, und zwar lag, wie durch Nachschneiden festgestellt wurde, die Verbindungslinie der beiden primären Xylemstränge in der Ebene der sog. Wurzelbretter. Somit kann die besenförmige Ausbildung der Tiefenwurzeln auf den diarchen Aufbau ihrer Ursprungswurzeln zurückgeführt werden.

Die physiologische Erklärung für die Bildung von großen Spargelspitzen wie für die auffallende Ausbildung von Wurzelbrettern in Grundwassernähe muß ein gewisser Reiz sein, der vom feuchten Substrat ausgeht.

Entwicklungsgang des Stammes (Kurve 3)

Der Entwicklungsgang des Stammes war kein so regelmäßiger wie bei den vorher besprochenen Kiefern. Die Stammanalyse ergab, daß nach dem 30. Lebensjahr ein gewisses Nachlassen des Höhenwuchses zu verzeichnen ist. Jedoch erreichte der Baum mit 113 Jahren eine Höhe von 25,5 m, das ist II. Bonität nach Schwappach 08.

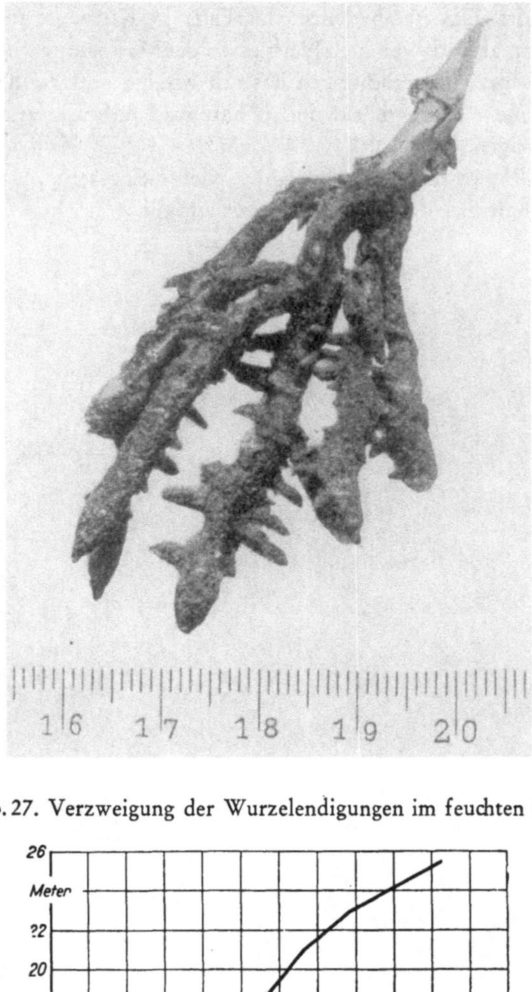

Abb. 27. Verzweigung der Wurzelendigungen im feuchten Sand

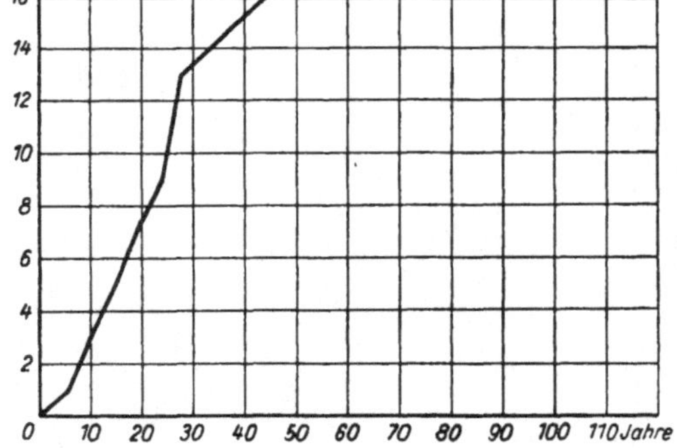

Kurve 3

Man müßte denken, daß etwa eine Wuchsstockung mit dem Absinken des Grundwassers eingetreten ist. Das ist aber nicht der Fall, die Kurve ist in den betreffenden Jahren durchaus normal, auch war kein Nachlassen des Massenzuwachses zu beobachten.

Schon durch die Wurzeluntersuchungen hat sich gezeigt, daß die Kiefer eine Grundwasserabsenkung ohne weiteres überwunden hat, was auch alle anderen Bestände in derselben Gegend zeigen.

Zusammenfassend kann man sagen, daß die Kiefer eine sehr plastische Holzart ist und sich an die Verhältnisse des Bodens sehr gut anpaßt.

F. WALDBAULICHE FOLGERUNGEN.
STANDORTSFORMEN UND BETRIEBSZIELTYPEN

Aus den waldkundlichen Erkenntnissen der natürlichen Holzartenzusammensetzung, der Pflanzensoziologie, der Bodenkunde und der Wurzelausbildung der Bäume lassen sich waldbauliche Schlüsse ziehen und Unterlagen für die Praxis geben.

Für die waldbauliche Planung ist die Ausscheidung von bestimmten Standortsformen von Bedeutung. Sie lassen sich auf Grund wald- und bodenkundlicher Untersuchungen ableiten.

Für das Untersuchungsgebiet wären unter Weglassung der Dünen folgende Standortsformen auszuscheiden, die nach einer neuen Zusammenstellung für das ostdeutsche Diluvium mit Symbolen bezeichnet werden:

1. periodisch überschwemmte Niederungsmoore, gekennzeichnet durch Wuchs der Großseggen: E_2;
2. feuchte Niederungsböden, gekennzeichnet durch den Urtica- und Deschampsia caespitosa-Typ des Erlenwaldes: E_3;
3. feuchte Niederungsböden, gekennzeichnet durch den Deschampsia caespitosa-Typ des Stieleichen-Hainbuchenwaldes: GS_1a;
4. frische Rohhumusböden mit verfestigtem Ortstein-Gleihorizont, gekennzeichnet durch den Pteridium-Typ des Stieleichen-Birkenwaldes: GS_2b;
5. stark bis mäßig podsolierte Böden ohne verfestigten B-Horizont, gekennzeichnet durch die Blaubeere in ihren Kombinationen und umfaßt den grundwassernahen Buchen-, Kiefern-Buchen- und Kiefern-Eichenwald: GS_3a–b.

Auf diesen Standortstypen lassen sich die Betriebszieltypen aufbauen. Bei der Aufstellung der Betriebszieltypen sind Erfahrungen der bisherigen Leistungen der verschiedenen Holzarten nach Qualität und Quantität heranzuziehen. Einfluß der Holzarten auf den Bodenzustand ist zu berücksichtigen, Anbau der von Natur aus vorkommenden Holzarten ist mit zu erwägen, der Einfluß der Bodenflora auf die Streuzersetzung ist nicht zu vergessen, Meliorationen und Kulturverfahren sind in Rechnung zu setzen.

Von vornherein muß man sich darüber im klaren sein, daß auf den einzelnen Standortstypen nur bestimmte Holzarten bzw. Holzartenkombinationen und bestimmte Qualitäten zu erzielen sind.

Wirtschaftliche Überlegungen dürfen niemals außer acht gelassen werden, jedoch müssen den einseitig auf den Boden wirkenden Wirtschaftsholzarten *biologische Holzarten* beigegeben werden, damit der Bodenzustand sich nicht verschlechtert.

1. Standortsform E_2

Auf dieser Standortsform ist bisher der Erlenniederwald die einzige Betriebsform gewesen. Die Erle erreicht die durchschnittliche Bonität von II–III, nur in der Abteilung 77b ist die I. Bonität zu verzeichnen, in 61b die I./II. In den beiden letzten Abteilungen wurde auch die Erle im 80jährigen Umtrieb bewirtschaftet.

Die Bewirtschaftung im Niederwaldbetrieb wird sich für die meisten Bestände dieses Standortstyps nicht umgehen lassen. Höhere Umtriebe lohnen sich nur, wo fließendes Grundwasser vorhanden ist. Die größte Sorge bereitet das Eingehen der alten Erlenstöcke, ein Ersatz durch Kernwüchse ist daher sehr notwendig.

Als Betriebszieltyp ist hier ein Erlenbestand gegeben, einzumischende Holzarten sind hier wenig anzutreffen. Esche kann nur örtlich eingebracht werden, hin und wieder die Birke. Diese Holzarten sind der Möglichkeit nach beizubehalten. An den Rändern kann die Fichte angebaut werden, diese Standorte gehören schon zum Typ 2. Die Windwurfgefahr für die Fichte ist zu beachten.

Betriebszieltyp: Erle 100%.

2. Standortsform E_3

Auf diesem Standortstyp befinden sich Erlen, die II.–III. Bonität aufweisen oder Birkenbestände der II. Bonität.

Bei der Holzartenwahl zum Betriebszieltyp ist zu erwägen, ob die beiden obengenannten Holzarten durch mehr leistende zu ersetzen sind. Auf den Bodenzustand haben Erle und Birke einen sehr guten Einfluß, was man von der vielerorts eingebrachten Fichte nicht behaupten kann. Die Fichte wächst auf diesem Standort recht gut, wird aber bei ihrer Flachwurzligkeit sehr oft geworfen und auch frühzeitig rotfaul. Ihr Anbau ist in nur ganz beschränktem Maße zulässig.

Von den natürlichen Holzarten wäre die Esche zu berücksichtigen, allerdings in Mischung mit Erle und Birke. Weiter ist dieser Typ für den Anbau der Schwarzpappelhybriden besonders geeignet, eventuell mit Erle als Füllholz. Für den Pappelanbau sind die Standorte mit fließendem und kalkreicherem Grundwasser vorzuziehen.

So läßt diese Standortsform verschiedene Betriebszieltypen zu:

a) Erle 100% mit Birke,
b) Pappel 100% mit Erle,
c) Esche 60%, Erle 20%, Birke 20%.

3. Standortsform GS_1a

Die natürliche Holzartenzusammensetzung von Stieleiche und Hainbuche ist auf diesem Typ auf verschwindend kleinen Stellen z. B. in den Jagen 61 a und b vorhanden. Heute sind es meist Birkenbestände mit Birke II. Bonität, einige Eichenbestände

III. Bonität, stellenweise sind auch Fichten hier angebaut worden, die dieselben Nachteile zeigen wie beim Standortstyp II. Auch hat man die Kiefer hier angebaut, die I.–II. Bonität zeigt, aber äußerst grobringig und grobästig ist. Man hat scheinbar mit diesem Typ nichts anzufangen gewußt und sich mit Verlegenheitslösungen beholfen.

Zu bemerken ist noch, daß diese Böden gegen Versauerung sehr empfindlich sind, so daß ein vorgeschlagener 90prozentiger Anbau der Fichte abzulehnen ist.

Die natürliche Holzartenzusammensetzung Stieleiche mit Hainbuchenunterbau wäre der beste Betriebszieltyp und sehr in Erwägung zu ziehen. Wieweit sich hier die Douglasie eignen würde, ist noch ungeklärt, scheint aber auf ähnlichen Standorten (Gadow bei Wittenberge) sich bewährt zu haben. Frostgefahr ist beim Anbau zu berücksichtigen, auch ihr Einfluß auf den Bodenzustand. Schwarzpappelhybriden mit Hainbuche, Erle, Esche und Ahorn sind gleichfalls in Erwägung zu ziehen.

Es ergeben sich auch hier drei Betriebszieltypen:

a) Stieleiche 80%, Hainbuche 20%,
b) Douglasie 100%,
c) Schwarzpappelhybriden 80%, Hainbuche, Erle, Esche, Ahorn 20%.

3. *Standortsform* GS_2b

Der Anbau der natürlichen Holzartenzusammensetzung von Stieleiche und Birke ist örtlich in Erwägung zu ziehen, doch wird der Bodenzustand allein vom Adlerfarn bedingt. Buchen und Hainbuchen, die den Adlerfarn unterdrücken, kommen zur Melioration nicht in Frage. Dagegen weist die Kiefer durchwegs I. Bonität auf. Sie ist zwar grobringig und grobästig, liefert aber viel Masse, so daß hier Kiefernstarkholzzucht (Rammkiefern) angebracht ist.

Schwierig ist es, eine geschlossene Kultur heranzuziehen, da der Adlerfarn sehr störend wirkt. Eine Durchbrechung des verfestigten Ortstein-Gleihorizontes ist kaum wirtschaftlich zu vertreten. Obwohl der Wurzelraum für die Kiefer nicht sehr groß ist, ist im Rohhumus eine große Nährstoffreserve vorhanden, die von der Kiefer ausgenutzt wird. Bei der Kulturbegründung ist der Adlerfarn möglichst zu beseitigen, z. B. durch Anwendung von Anforstan, auch ist eine landwirtschaftliche Zwischennutzung in Erwägung zu ziehen. Über den Douglasienanbau liegen noch keine Erfahrungen auf diesem Standort vor, doch müßte er auch hier versucht werden.

Da Kiefernreinbestände niemals das Betriebsziel sein können, müssen natürliche Holzarten mit verwandt werden, in erster Linie Stieleiche, dann Birke, Hainbuche und Rotbuche.

Betriebszieltyp: a) Kiefer 90%, 10% Stieleiche, Birke, Hainbuche, Rotbuche;
b) Stieleiche 70%, 30% Birke, Hainbuche.

4. *Standortsform* GS_3a-b

Alle übrigen grundwassernahen Standorte sind zur Standortsform GS_3a–b zu rechnen, der den grundwassernahen Buchen-Kiefern-, Buchen- und Kiefern-Eichenwald umfaßt. Man könnte ihn vielleicht noch weiter aufgliedern, aber für die Praxis würde eine weitere Aufgliederung keinen großen Wert haben.

Die Kiefer erreicht durchwegs II. Bonität, während die Buche nur III.–IV. Bonität erreicht, Eiche kommt hier auf I.–II. Bonität.

Durch die Untätigkeit dieser Böden, die Blaubeerdecke und das sehr kalkarme Buchenlaub ist hier ein sehr sauerer Rohhumus anzutreffen. Von einer günstigen Wirkung der Buche kann nicht gesprochen werden, eher das Gegenteil. Deshalb ist die Buche trotz ihrer Natürlichkeit hier nicht am Platz. Soweit der Rohhumus durch Kahlschlag nicht aktiviert wird, muß zur Kalkung oder landwirtschaftlicher Zwischennutzung mit Leguminosenanbau gegriffen werden.

Es sei auf die Arbeit von Hassenkamp (20) hingewiesen, der ähnliche Verhältnisse beschreibt, obgleich im Untersuchungsgebiet Wuchsstockungen nicht zu beobachten sind.

Nach Hassenkamp ist das Wichtigste die Stickstoffmobilisierung des Rohhumus. Das kann nicht durch die Erdmannsche Wirtschaft erfolgen, wo der Rohhumus beiseite geschafft wird. Auch den Anbau der natürlichen Holzarten Stieleiche und Birke zur Bodenverbesserung lehnt Hassenkamp ab. Hassenkamp greift zur landwirtschaftlichen Zwischennutzung, um den Boden in einen Mullzustand überzuführen.

Ausgangspunkt sind die dortigen Flottsandböden mit Vaccinium myrtillus, Aira flexuosa, Pteridium aquilinum, also eine ganz ähnliche Bodenflora wie im Untersuchungsgebiet.

Vor der Bodenbearbeitung wird die Vegetation durch Anforstan vergiftet, und zwar schon vor dem Abtrieb des Bestandes. $^1/_3$–$^1/_4$ des Bestandes wird stehend gerodet, nach Abtrieb wird das Schlagreisig verbrannt. Der Boden erhält dann folgende Vorratsdüngung je ha:

2000–3000 kg CaO
140 kg Kali
110 kg Phosphorsäure
50 kg Kupfersulfat.

Der Boden wird dann mit der Fräse bearbeitet und ein- bis zweimal geeggt, um die Blaubeerwurzeln zu entfernen, es erfolgt dann die Einsaat des Winterroggens mit der Hand. Im zeitigen Frühjahr werden 42 kg Stickstoff je ha gegeben. Im zweiten Jahr erfolgt normale landwirtschaftliche Düngung. Angebaut wird Hafer und Sommerroggen, Gerste oder Kartoffeln.

Die Gesamtkosten beliefen sich pro Hektar einschließlich der Kornabfuhr für die erste Bestellung auf 475,– RM, im zweiten Jahr auf 305,– RM.

Erträge beliefen sich zwischen 16 und 32 dz Korn oder 182 dz Kartoffeln je Hektar. Hassenkamp ist dann zum Vollumbruch übergegangen, bei etwa 267 Stubben je Hektar nicht ganz einfach.

Nach zweijähriger landwirtschaftlicher Zwischennutzung erfolgte der Anbau der Kiefer im 1,20×0,33-m-Verband mit Eiche und Hainbuche. Im zweiten Jahr erfolgt dann zwischen den Reihen die Aussaat von 4 kg perennierender Lupine und 2 kg Besenginster. Hassenkamp will auch die Roterle im 4,0×4,5-m-Verband einbringen.

Auch Anbauten der Fichte, Douglasie, Lärche, Eiche, Abies concolor wurden vorgenommen, Roterle dient als Schutzholz. Bestandeszieltyp wäre Douglasie, Tanne,

Lärche, Traubeneiche, oder Traubeneiche mit Hainbuche und Roterle als Schutzholz, auf frischen Böden Pappel mit Eiche, Erle, Hainbuche und Linde.

Nach Wittich (55) ist bei der landwirtschaftlichen Zwischennutzung solcher Rohhumusböden eine Stickstoffdüngung sehr wichtig. Auch der Anbau von Staudenroggen nach Demme (7) ist in Erwägung zu ziehen.

Wenn auch im Untersuchungsgebiet im Gegensatz zum Forstamt Syke bei Bremen keine Wuchsstockungen der Kulturen zu bemerken sind, sollte eine Melioration durch landwirtschaftliche Zwischennutzung in Betracht gezogen werden.

Bei Freilage entwickeln sich auf Standortsform GS_3a–b Molinia coerulea, Aira flexuosa, Calamagrostis epigeios, hier wäre auch der Vollumbruch angebracht, da das Neuruppiner Aufhöhverfahren sich nur bedingt bewährt hat.

Im Gebiet des Kiefern-Eichenwaldes, wo eine Kiefernnaturverjüngung gegeben ist, ist diese auszunutzen.

Als Hauptholzart hat auf dieser Standortsform die Kiefer zu bleiben, doch wären biologische Holzarten beizumischen, so Birke, Eiche, Roteiche, auch Hainbuche und Linde.

Erstaunlicherweise haben sich auf diesem Standort Fichte bis ins Alter von 120 Jahren sehr gut gehalten, auch ebenso alte Lärchen und Weymouthskiefern. Auch die Douglasie zeigt ein sehr gutes Gedeihen.

Als Betriebszieltypen kämen in Frage:

a) Kiefer 80%, Eiche, Hainbuche, Birke, Linde 20%
b) Douglasie 50%, Fichte 50%
c) Kiefer 60%, Lärche 20%, Eiche, Hainbuche, Birke, Linde 20%.

Die Bedingungen für die Kiefernnaturverjüngung im Bereich des Kiefern-Eichenwaldes wäre noch zu untersuchen.

Auf alle Fälle muß die Ausnutzung der entsprechenden Standorte für den Anbau schnellwachsender Holzarten wie Douglasie und Pappel in Betracht gezogen werden.

ZUSAMMENFASSUNG

1. Im grundwassernahen Talsandgebiet zwischen Liebenwalde und Kremmen wurden Bestände bestandesgeschichtlich, pollenanalytisch, pflanzensoziologisch und bodenkundlich untersucht, sowie die Wurzelausbildung von Kiefer und Eiche auf den dortigen Standorten festgestellt.

2. Bestandesgeschichtliche Untersuchungen ergaben das Vorhandensein folgender Waldgesellschaften:

Erlenwald
Eichen-Birkenwald
Buchenwald
Kiefern-Buchenwald
Kiefern-Eichenwald.

3. Pollenanalytische Untersuchungen von Mooren ergaben das ständige Vorkommen der Kiefer auf grundwassernahen Standorten. Pollenanalysen von Rohhumusauflagen ergaben auf den entsprechenden Standorten das Vorhandensein eines örtlich beschränkten Eichen-Birkenwaldes, eines Kiefern-Buchenwaldes und eines Kiefern-Eichenwaldes.

4. Pflanzensoziologische Untersuchungen führten zu einer neuen Methode der Einteilung der Waldgesellschaften nach natürlichen Holzarten und Hauptarten und zeigten die Beziehungen der Bodenpflanzen zu den natürlichen Holzarten. Es wurden folgende Waldgesellschaften mit folgenden Typen unterschieden:

I. Erlenwald a) Großseggen-Typ,
b) Urtica-Typ,
c) Deschampsia caespitosa-Typ,

II. Stieleichen-Hainbuchenwald vom Deschampsia caespitosa-Typ,

III. Stieleichen-Birkenwald vom Pteridium-Typ,

IV. Grundwassernaher Buchenwald a) Oxalis-Myrtillus-Typ,
b) Molinia-Myrtillus-Typ,

V. Kiefern-Eichenwald vom Myrtillus-Typ.

5. Die Abhängigkeit der Bodenbildung vom Grundwasserstand wurde untersucht, es ergab sich, daß jede Waldgesellschaft eine bestimmte Grundwassertiefe und ein bestimmtes Bodenprofil zeigt.

6. Wurzeluntersuchungen von Kiefern und Eichen auf den entsprechenden Typen in Verbindung mit Stammanalysen wurden durchgeführt, wobei es sich zeigte, daß ein kompakter B/G-Horizont keine Hemmung des Höhenwachstums zeigte und Grundwasserabsenkung von der Kiefer ohne weiteres vertragen wird.

7. Standorts- und Betriebszieltypen wurden aufgestellt und Vorschläge für Kultur- und Meliorationsmaßnahmen gegeben.

LITERATUR

1. Albert, R.: Die ausschlaggebende Bedeutung des Wasserhaushaltes für die Ertragsleistung unserer diluvialer Sande. Z. f. F. u. J. 56. 1924. S. 193.
2. Beijerinck, W.: Humusortstein und Bleichsand als Bildungen entgegengesetzter Klimate. Koninkl. Akad. van Wetenschappen. Te Amsterdam. Proceedings Vol. XXXVII, Nr. 2. 1934.
3. Benrath, W., u. F. Jonas: Zur Entstehung der Ortstein-Bleichsandschichten an der Ostseeküste. Planta 26. 1937. S. 614.
4. Brückner, E., u. R. Jahn: Über Wurzelausbildung verschiedener Holzarten im Boden des ostthüringischen Buntsandsteingebietes. Tharandter Forstl. Jahrbuch 83. 1932. S. 150.
5. Cajander, A. K.: Wesen und Bedeutung der Waldtypen. Silva Fennica 15. 1930. S. 1.
6. Deines, G.: Die forstliche Standortslehre. Hannover 1938.
7. Demme, H.: Der Waldstaudenroggen. Forstwirtschaft-Holzwirtschaft 1. 1947. S. 8 u. 20.
8. Dengler, A.: Waldbau auf ökologischer Grundlage. Berlin 1944.
9. Dengler, A., u. A. Scamoni: Über den Pollenflug der Waldbäume. Zeitschr. f. d gesamte Forstwesen 76/77. 1944. S. 136.
10. Ellenberg, H.: Über Zusammensetzung, Standort und Stoffproduktion bodenfeuchter Eichen- und Buchen-Mischwaldgesellschaften Nordwestdeutschlands. Mitt. d. Floristisch-soziologischen Arbeitsgemeinsch. in Niedersachsen. Heft 5. 1939.
11. Engmann, F. K.: Pollenanalytische Untersuchungen fossiler Böden im Flugsandgebiet von Leussow. Mitt. aus der Meckl. Geol. Landesanstalt. 1937.
12. Engmann, F. K.: Über pollenanalytische Untersuchungen von Ortstein-, Bleichsand- und Rohhumusbildungen im Boden. Planta 27. 1938. S. 718.
13. Firbas, F.: Vegetationsentwicklung und Klimawandel in der mitteleuropäischen Spät- und Nacheiszeit. Die Naturwissenschaften 27. 1939. S. 81 u. 104.
14. Firbas, F., u. F. Broihan: Das Alter der Trockentorfschichten im Hils. Planta 26. 1937. S. 291.
15. Firbas, F., H. Losert u. F. Broihan: Untersuchungen zur jüngeren Vegetationsgeschichte im Oberharz. Planta 30. 1939. S. 422.
16. Ganssen, R. H.: Die Bedeutung des Bodentyps für Forstwirtschaft und Praxis. Z. f. F. u. J. 69. 1937. S. 273—336.
17. Ganssen, R. H.: Die Kiefernstandorte Norddeutschlands in ihrer Bedeutung zum Ertrag. Mitt. aus Forstwirtschaft u. Forstwissenschaft 13. 1942. S. 211.

18. Hartmann, F. K.: Über den waldbaulichen Wert des Grundwassers I. Mitt. aus Forstwirtschaft u. Forstwissenschaft 1. 1930. S. 385.

19. Hartmann, F. K.: Über den waldbaulichen Wert des Grundwassers II. Mitt. aus Forstwirtschaft u. Forstwissenschaft 12. 1941. S. 91.

20. Hassenkamp, W.: Die Umwandlung von Rohhumusböden in Mullböden durch Waldfeldbau und Leguminosenanbau. Forstarchiv 17. 1941. S. 41.

21. Hausendorff, E.: Wirtschaftsgeschichtliche und pflanzensoziologische Untersuchungen als Grundlage für den Waldbau im ostdeutschen Kieferngebiet. Z. f. F. u. J. 73. 1941. S. 1, 137, 169, 247.

22. Hesmer, H.: Alter und Entstehung der Humusauflagen in der Oberförsterei Erdmannshausen. Forstarchiv 9. 1933. S. 323.

23. Hesmer, H.: Die natürliche Bestockung auf verschiedenartigen märkischen Standorten. Z. f. F. u. J. 65. 1933. S. 505, 569, 631.

24. Hilf, H. H.: Studien über die Wurzelausbreitung von Fichte, Buche, Kiefer in geschlossenen älteren Beständen, insbesondere auf Sandböden. Dissertation Eberswalde 1927.

25. Hueck, K.: Pflanzengeographie Deutschlands. Berlin 1937.

26. Jonas, F.: Das Profil Vosseberg als Beispiel der Entstehung von Ortstein-Bleicherdeschichten im Unteremsgebiet. Planta 27. 1938.

27. Krauß, G., W. Wobst u. G. Gärtner: Humusauflage und Bodendurchwurzelung im Eibenstocker Granitgebiet. Tharandt. Forstl. Jahrbuch 65. 1934. S. 290.

28. Laatsch W.: Dynamik der deutschen Wald- und Ackerböden. Dresden und Leipzig 1938.

29. Laitakari, E.: Das Wurzelsystem der Kiefer. Acta Forest. Fennica 33. 1929.

30. Liese, J.: Beiträge zur Kenntnis des Wurzelsystems der Kiefer (Pinus silvestris). Z. f. F. u. J. 58. 1926. S. 129.

31. Markgraf, F.: Die Bredower Forst. Berlin 1922.

32. Olberg, A.: Die Entwicklung des Waldzustandes in der Oberförsterei Chorin und die Folgerungen hieraus für die künftige Wirtschaft. Mitt. aus Forstwirtschaft und Forstwissenschaft 4. 1933. S. 365.

33. Pfaffenberg, K., u. W. Hassenkamp: Über die Versumpfungsgefahr des Waldbodens im Syker Flottsandgebiet. Abh., herausgeg. v. Nat. Ver. Bremen 1934.

34. Preißler, L.: Landwirtschaftliche Zwischennutzung im Walde. Forstwirtschaft-Holzwirtschaft 2. 1948. S. 35.

35. Redmann, H.: Untersuchungen über die Waldgeschichte der Frischen Nehrung mit besonderer Berücksichtigung des Buchenvorkommens bei Kahlberg. Schriften der Phys.-Ökon. Gesellschaft zu Königsberg. XX. Band, Heft 2. 1938.

36. Reinhold, J.: Die Bestockung der kursächsischen Wälder im 16. Jahrhundert. Dresden 1942. Manuskript Bibliothek Forstl. Hochschule Tharandt.

37. Rempe, H.: Untersuchungen über die Verbreitung des Blütenstaubes durch die Luftströmungen. Planta 27. 1938. S. 93.

38. Rubner, K.: Der gegenwärtige Stand der Waldtypenfrage. Zeitschr. f. Weltforstwirtschaft V. 1933/34.

39. Rubner, K.: Die pflanzengeographisch-ökologischen Grundlagen des Waldbaues. Neudamm 1934.

40. Scamoni, A.: Vegetationsstudien im Forst Sarnow. Z. f. F. u. J. 1935. S. 561 u. 625.

41. Scamoni, A.: Über die Abhängigkeit zwischen Bodenflora und Lehmuntergrund im Forstamt Eberswalde. Z.f.F.u.J. 69. 1937. S. 573.

42. Scamoni, A.: Vorläufiger Vorschlag zur Einteilung und Kartierung der Waldgesellschaften des norddeutschen Diluviums. Z.f.F.u.J. 71. 1939. S. 321.

43. Scamoni, A.: Waldbau auf pflanzensoziologischer Grundlage. Forstwirtschaft-Holzwirtschaft 1. 1947. S. 82, 114, 140, 156, 170.

44. Schmucker, Th.: Die Baumarten der nördlich-gemäßigten Zone und ihre Verbreitung. Silvae Orbis. Berlin 1942.

45. Tüxen, R.: Die Pflanzengesellschaften Norddeutschlands. Mitt. d. Floristisch-soziologischen Arbeitsgemeinschaft in Niedersachsen. Heft 3. 1937. S. 1.

46. Tüxen, R., u. H. Ellenberg: Der systematische und ökologische Gruppenwert. Mitt. d. Floristisch-soziologisch. Arbeitsgemeinschaft in Niedersachsen. Heft 3. 1937. S. 171.

47. Vater: Die Bewurzelung der Kiefer, Fichte, Buche. Tharandter Forstl. Jahrbuch 78. 1927. S. 65.

48. Wagenhoff, A.: Untersuchungen über die Entwicklung des Wurzelsystems der Kiefer auf diluvialen Sandböden. Z.f.F.u.J. 70. 1938. S. 449.

49. Werth, E., u. J. Baas: Pollenanalytische Untersuchungen einiger Trockentorfe verschiedener Waldböden Nord- und Mitteldeutschlands. Planta 1936.

50. Werth, E., u. M. Klemm: Pollenanalytische Untersuchungen einiger wichtiger Dünenprofile und submariner Torfe in Norddeutschland. Beih. z. Bot. Centralblatt, Abt. B, Band LV, 1936.

51. Wiedemann, E.: Die praktischen Erfolge des Kieferndauerwaldes. Braunschweig 1925.

52. Wittich, W.: Natur und Ertragsfähigkeit der Sandböden im Gebiet des norddeutschen Diluviums. Z.f.F.u.J. 1942, S. 1.

53. Wittich, W.: Untersuchungen über den Verlauf der Streuzersetzung auf einem Boden mit Mullzustand: I. Forstarchiv 15, 1939, S. 96; II. Forstarchiv 19, 1943, S. 1; III. Forstarchiv 20, 1944, S. 77 u. 110.

54. Wittich, W.: Die heutigen Grundlagen der Holzartenwahl. Hannover 1947.

55. Wittich, W.: Die Überführung von Waldböden in landwirtschaftliche Nutzung. Forst und Holz 1948.

(Z.f.F.u.J. = Zeitschrift für Forst- und Jagdwesen.)

ARTHUR JACOB

DER BODEN

240 Seiten · 1950 · brosch. DM 6.50 · gebd. DM 10.– · Bestell- und Verlagsnummer 5019

Das Buch gibt eine Darstellung der wichtigsten Ergebnisse der bodenkundlichen Forschung des In- und Auslandes, wobei der Nachdruck darauf gelegt wird, zu zeigen, wie auch bei intensivster Nutzung die Fruchtbarkeit des Bodens dauernd erhalten werden kann. Ausgehend von der morphologischen Betrachtung des Bodenprofils werden die physikalischen, chemischen und biologischen Eigenschaften des Bodens erörtert. Die hauptsächlichsten Bodentypen und ihre geographische Verbreitung in Europa werden beschrieben und die Methoden der Kartierung und Untersuchung der Böden kritisch betrachtet. Da das Buch in erster Linie für den praktischen Landwirt geschrieben ist, wird besonders ausführlich auf die Folgerungen eingegangen, die sich aus der bodenkundlichen Forschung für die Praxis ergeben, insbesondere auf dem Gebiete der Bodenbearbeitung, Fruchtfolge, Ent- und Bewässerung sowie der Düngung mit organischen und mineralischen Düngemitteln.

JOHANNES BRACHT

ÜBER DIE WÄRMELEITFÄHIGKEIT DES ERDBODENS UND DES SCHNEES UND DEN WÄRMEUMSATZ IM ERDBODEN

(in: Veröffentlichungen des Geophysikalischen Instituts der Universität Leipzig)

80 Seiten · 1949 · DM 8.– · Bestell- und Verlagsnummer 2018/XIV/3

Das Wärmeleitvermögen des Erdbodens ist großen Schwankungen unterworfen und wird im wesentlichen durch den wechselnden Feuchtigkeitsgehalt des Bodens bestimmt, wie an Hand der in ihrem Witterungsablauf sehr verschiedenen Sommermonate des Jahres 1940 nachgewiesen wird. Die Wärmeleitfähigkeit des Erdbodens und des Schnees wurden nach zwei Arbeitsmethoden untersucht, einmal auf Grund von Messungen mit Widerstandsthermometern, zum anderen nach Messungen mit Albrecht'schen Wärmeleitfähigkeitsmessern. Der erste Teil der Arbeit bringt das Instrumentarium; sodann wird die Auswertung der Meßergebnisse besprochen, während im zweiten Teil der Wärmeumsatz im Erdboden behandelt wird. Berechnungen über den Wärmeumsatz an der Bodenfläche für einen trockenen und einen niederschlagreichen Monat bilden den Abschluß der Arbeit. Die Ergebnisse dieser Forschungsarbeit sind von außerordentlicher Bedeutung für die Land- und Forstwirtschaft.

A K A D E M I E - V E R L A G · B E R L I N N W 7

EILH. ALFRED MITSCHERLICH

PFLANZENPHYSIOLOGISCHE BODENKUNDE

(in: Vorträge und Schriften) · 24 Seiten · 1948 · DM 2.–
Bestell- und Verlagsnummer 2003/28

In der vorliegenden Schrift wird ausgeführt, daß der Boden in Hinsicht auf die Pflanzenerträge, d. h. im Interesse des Land- und Forstwirts und des Gärtners nicht nach seiner geologischen Entstehung, sondern nach seiner momentanen physikalischen und chemischen Beschaffenheit zu untersuchen ist. Der Verfasser weist dabei darauf hin, daß die übliche »chemische Bodenanalyse« hier aus pflanzenphysiologischen Gründen nie exakte Ergebnisse zeitigen kann.

EILH. ALFRED MITSCHERLICH

DIE ERTRAGSGESETZE

(in: Vorträge und Schriften) · 42 Seiten · 1948 · DM 2.75
Bestell- und Verlagsnummer 2003/31

Der Verfasser behandelt in der vorliegenden Schrift die mathematischen Gesetze, denen das pflanzliche Leben und somit der Pflanzenertrag unterliegen, das Wirkungsgesetz der Wachstumsfaktoren und das Pflanzenwachstumsgesetz. Während das erste zeigt, wie der Pflanzenertrag in seiner Höhe von dem einzelnen Wachstumsfaktor und somit auch von sämtlichen Wachstumsfaktoren gleichzeitig bedingt wird, zeigt das andere, wie der Ertrag im Verlaufe der Vegatationszeit zunehmen muß.

EILH. ALFRED MITSCHERLICH

DÜNGUNGSFRAGEN

Über die genaue Ermittlung der notwendigen Düngungsgaben an Phosphorsäure und Kali und über das Problem der Stickstoffdüngung.

(in: Vorträge und Schriften) · 24 Seiten · 1949 · DM 1.75
Bestell- und Verlagsnummer 2003/33

Im ersten Teil der vorliegenden Schrift wird erörtert, wie man jetzt mit Hilfe eines einfachen Düngungsversuches im Felde den Gehalt des Bodens an den beiden Pflanzennährstoffen Phosphorsäure und Kali und damit das Düngerbedürfnis des betreffenden Bodens genau festzustellen vermag. Der zweite Teil zeigt, wie hohe Ertragssteigerungen besonders durch die Stickstoffdüngung möglich sind, und woran es liegt, daß man diese noch nicht zu erzielen vermag. Im dritten Teil wird ausgeführt, wie man nach Möglichkeit Fehler bei der Anstellung dieser Feldversuche und bei der Übertragung ihrer Ergebnisse auf den ganzen Schlag erkennen und vermeiden kann.

EILH. ALFRED MITSCHERLICH

ÜBER DIE FEHLER BEI ERTRAGSVERSUCHEN

(in: Vorträge nnd Schriften) · 26 Seiten · 1950 · DM 1.65
Bestell- und Verlagsnummer 2003/37·

Der Verfasser zeigt, daß es bei der großen Unsicherheit mit der man den Fehler aus nur wenigen Parallelversuchen zu ermitteln vermag, völlig genügt, mit dem »durchschnittlichen Fehler« zu arbeiten. Er weist sodann darauf hin, wo beim Gefäß- und beim Feldversuch die größten Fehler auftreten und wie sie zu vermeiden sind. Ferner geht er hierbei näher auf den Düngungs- und den Sortenanbauversuch ein.

Kolibri 360 GmbH
Ferdinand-Jühlke-Straße 7
99095 Erfurt, Deutschland
produktsicherheit@kolibri360.de